**지지해 주는 부모
스스로 공부하는 아이**

지지해 주는 부모
스스로 공부하는 아이

스스로 책상에 앉는 아이를 위한 영화 처방전

이유정 · 김형욱 지음

"우리 아이 스스로
공부하고 싶게 하려면?"

기다림, 믿음부터 자기효능감, 실패 내성까지
부모의 지지가 아이의 미래를 바꾼다!

믹스커피
MIXCOFFEE

스스로 책상에 앉는 아이를 위한 영화 처방전

경기도의 모 대학교에 재직할 때다. 한 학생이 학습 상담으로 찾아왔다. 국어국문학과 학생이었던 그는 별안간 자신의 학습 문제를 털어놓기 시작했다.

그는 강의에 전혀 흥미를 느끼지 못했고 집중하는 것도 어려워했다. 얘기를 듣다 보니 곧 문제를 발견할 수 있었다.

전공이 적성에 맞지 않았던 것이다. 완전히 이과 성향이었지만 고등학교 2학년 때 문과에 지원해 대학교에 이를 때까지 문과생으로 살아왔다.

그는 초등학생 때부터 중학생에 이르기까지 수학·과학 올림피아드에서 여러 번 수상했을 정도로 이과 과목에 소질이 있었다고 했다. 자연스레 과학고 진학을 목표로 했다.

문제는 그때부터였다. 부모님의 관심이 보통 수준을 넘어서기 시작한 것이다. 학원을 몇 곳이나 다니며 진도를 빨리 빼더니 대학 수학까지 배워야 한다고 압박했다.

시험 때 한두 문제라도 틀리면 부모님이 나무랐고, 더 잘할 수 있는데 왜 못하냐며 타박했다. 그는 더 이상 숫자도 보기 싫어졌다고 했다.

성적은 어느 정도 유지되었지만, 과학고등학교에 진학할 정도는 아니었다. 결국 일반계 고등학교에 진학했고, 고등학교 때는 수학·과학에 완전히 흥미가 떨어졌다.

2학년이 되어 문과와 이과 중 하나를 선택해야 했을 때는 단지 수학과 과학이 싫다는 이유 하나만으로 문과에 지원했다. 대학교와 전공은 성적에 맞춰 왔다고 했다. 국어국문학과가 적성에 맞지 않았던 건 당연한 결과였다.

그는 문과와 이과 중 어느 쪽을 선택해야 했을까?

한 번은 지인의 자제가 대학원에 진학하고 싶다고 내게 조언을 구한 적이 있다. 졸업을 앞둔 그는 이름이 별로 알려지지 않은 대학교에 다니고 있었다.

대학원 진학과 진로 조언을 해주고 헤어졌는데, 나는 그때 그 학생에게서 느껴지는 분위기가 범상치 않다고 생각했다. 촉이 나름 적중했다.

알고 보니, 그는 어렸을 때 영재를 발굴한다는 모 프로그램에 출연한 적이 있었다. 이른바 영재 출신이었던 것이다. 수학과 언어 능력에 뛰어난 재능을 보이고 스스로 학습하려는 의지와 호기심도 대단했다고 한다.

그런데 왜, 대학교도 성적도 전공도 모두 평범했을까? 무슨 일이 있었을까? 그의 부모님은 자식이 영재라는 걸 알고는 재능을 키워주고 싶었다고 한다. 그래서 영재 교육 기관들에 찾아가고 좋다는 건 다 시켰다.

하지만 아이에게 오히려 큰 부담이었을까.

아이는 점차 공부에 흥미를 잃어갔다. 중학교 때까진 공부를 따로 하지 않아도 성적이 잘 나오는 편이라 괜찮았지만, 고등학교에서의 상황은 달랐다.

고등학교에 진학해선 공부를 해야 성적을 유지할 수 있었는데, 여태껏 공부를 따로 하지 않아도 학교 시험쯤은 문제없던 터라 다시 마음을 다잡기가 쉽지 않았다고 했다.

그에게 필요한 건 무엇이었을까?

정지우 감독이 연출한 영화 〈4등〉이 떠오른다.

열두 살 재상이는 오늘도 엄마 손에 이끌려 수영장에 간다. 수영 연습을 하기 위해서다. 그런데 재능도 있고 훈련도 매일 하는데 대회만 나가면 4등이다.

엄마는 만년 4등이라며 재상이를 나무란다. 그저 물이 좋아 수영을 시작했던 재상이는 이제 수영이 싫어지려고 한다.

엄마는 엄마대로 답답하다. 재상이보다 더 열심히 하는 건 오히려 엄마다. 이른 시간부터 수영장에 재상이를 데려다주고, 더 좋은 코치와 훈련 방법을 찾아보느라 바쁘다.

결국 재상이가 수영을 그만하겠다고 했을 때, 엄마는 소리친다. "엄마가 너보다 더 열심히 했는데! 네가 무슨 권리로 너 혼자 수영을 그만둬?"

그게 문제였다. 수영을 하는 건 재상이인데, 왜 엄마가 더 열심히 해야 했는지. 엄마가 열심히 하면 재상이의 수영 실력이 향상될까.

엄마가 재상이로 하여금 수영을 하도록 했을지 몰라도, 수영을 해내는 건 재상이 자신이다. 수영을 왜 하고 싶은지, 왜 더 잘하고 싶은지 생각하고 또 노력하는 건 재상이의 몫이기 때문이다.

해답은 자발적인 동기유발에 있다. '동기'는 모든 걸 시작하게 하고 지속하게 만드는 힘이다. 동기는 다양하게 유발될 수 있다. 엄마의 당근과 채찍으로도 만들 수 있지만 오래가지 못한다. 동기 중 가장 강력한 건 스스로 만들어지는 동기다.

재상이네 상황과 정반대인 경우도 있다.

영화 〈불량소녀, 너를 응원해!〉의 쿠도 사야카다. 그녀는 성적 최하위권의 문제 학생이다. 심지어 무기 정학을 받아 대학교는 꿈도 못 꾸게 되었다.

사야카는 엄마의 권유로 입시학원에 상담을 가고, 일본 최상위 대학교인 게이오대학교에 입학하겠다는 목표를 스스로 정한다. 동서남북도, 영어단어도 전혀 모르는 꼴찌 사야카는 혼신의 노력 끝에 게이오대학교 합격증을 거머쥔다.

이 영화의 특별한 점이라면, 사야카의 엄마가 그녀에게 공부하라는 말이나 강요를 하지 않는다는 것이다.

사야카가 게이오대학교라는 목표를 세우게 된 것도, 친구를 만날 때나 늦은 밤까지도 손에서 책을 놓지 않게 된 것도 어느 누구의 회유나 강요가 아니었다.

그녀가 목표를 이루는 데 눈에 띄는 건 사야카의 엄마와 세이호 입시학원의 츠보타 선생님의 역할이다. 그들은 그저 사야카가 스스로 꿈을 꾸고 목표를 세울 수 있게 돕고, 그 목표를 향해 달려가도록 응원했을 뿐이다.

부모는 아이에게 좋은 조력자가 되어줄 수 있다. 아이에게 다양한 자극과 경험들을 제공하고 흥미를 찾도록 해주는 것이다. 또아이 스스로 무엇을 배우고 공부할지 선택하거나 공부하고 싶도록 도와줄 수도 있다. 아이가 공부하다가 만난 어려움을 스스로 해결할 수 있도록 조력해줄 수도 있다.

아이를 교육한다는 건 뭘까. 바로 아이를 변화하도록 만드는 것이다. 변화는 누군가 대신해줄 수 있는 성격의 것이 아니다. 변화의 대상인 아이가 직접 두 눈으로 보고 두 귀로 듣고 머리로 생각하고 손과 발을 움직여 해내야만 한다.

많은 부모가 으레 그러는 것처럼 아이에게 떠먹이는 것도 사실상 불가능하다. 스스로 힘을 들여야만 완성되는 과정이기에 그렇다. 그러니 쉽고 편하게 공부하는 방법이 있다는 건 거짓일 확률이 높다. 내가 아는 한 그런 방법은 존재하지 않는다.

아이에게 물고기를 잡아주는 게 아니라 잡는 방법을 알려주라고들 하지만, 나는 동의하지 않는다. 아이가 스스로 물고기를 잡고 싶도록 해야 한다. 그러면 아이는 물고기 잡는 방법을 스스로 배워나갈 것이다.

이 책은 아이를 교육하며 부모가 마주하는 다양한 상황과 궁금증에서 시작되었다.

'우리 아이는 왜 집중을 잘하지 못할까?' '왜 책상에 앉는 걸 싫어할까?' '머리는 좋은 것 같은데, 왜 성적은 잘 나오지 않을까?' '저녁마다 책상에 앉아서 공부하는데, 왜 물어보면 모른다고 할까?' '분명 다 아는 거라는데, 왜 시험만 보면 틀릴까?' '누구는 공부를 재밌어서 한다는데, 어떻게 그게 가능한 걸까?' '어릴 때부터 올바른 공부 습관을 들여줘야 한다는데, 어떻게 해야 할까?' '아이 스스로 공부를 하게 하려면 어떻게 해야 할까?' 등 간단한 것 같으면서도 속 시원히 물어볼 곳 없는 질문들도 함께 생각해볼 수 있으면 한다.

아이를 교육하면서 만나는 궁금증이나 문제들을 영화 속 상황에 빗대 담아내려 했다.

앞서 소개한 〈4등〉과 〈불량소녀, 너를 응원해!〉를 비롯해 〈해리 포터〉 〈퍼시 잭슨〉 시리즈 등의 하이틴 판타지, 〈사도〉 〈킹스 스피치〉 등의 역사물, 〈닥터 스트레인지〉 〈레디 플레이어 원〉 〈엣지 오브 투모로우〉 등의 블록버스터, 그리고 〈인사이드 아웃〉 〈쿵푸 팬더〉 〈언어의 정원〉 등의 애니메이션까지 다양한 장르에서 교육적 메시지를 엿볼 수 있다.

여러분이 마주한 상황이나 어려움이 비단 여러분의 것만이 아니라는 것도 알려주고 싶었다. 영화는 허구지만 현실에 기반하기 때문이다. 보여주는 방식이 '얼마나 현실에 가까운가'와는 별개로 현실에 있는 문제와 세계를 반영하고 있다.

누군가가 마주하거나 고민했던 상황들을 다양한 방식으로 받아들이고 해결하는 과정을 짧은 시간에 쉽게 만나볼 수 있을 것이다. 등장인물들이 문제를 마주하고 해결하는 과정을 온전히 보여줄 뿐만 아니라, 그를 둘러싼 환경과 주변 인물의 다양한 모습들도 보여준다는 점에서 좋은 참고가 될 것이다.

'아이를 제대로 교육시킬 수 없으면 어쩌지' 하고 두려워하지 않아도 된다. 변화는 어려운 일이지만, 교육은 변화시키는 일 그 자체니까 말이다.

저자를 대표해,

이유정

목차

들어가며   스스로 책상에 앉는 아이를 위한 영화 처방전   4

✦ 1부 ✦
잘할 수 있는데도 공부하기 싫은 마음

1등 할 수 있는데도 공부하기 싫은 마음_〈4등〉   19

손에서 스마트폰을 놓지 못하는 아이의 경우_〈레디 플레이어 원〉   25

자녀교육 처방 포인트   스마트폰 사용 시간 점검하기   34

산만한 아이가 특별할 수 있는 이유_〈퍼시 잭슨과 번개도둑〉   35

자녀교육 처방 포인트   휴식 시간도 중요해요   43

남들보다 조금 느린 아이, 걱정 마세요_〈쿵푸팬더〉   44

자녀교육 처방 포인트   스스로 공부하기의 시작, 시간 관리 연습   53

통제 안 되는 아이, 좋은 규칙 만들기_〈내니 맥피: 우리 유모는 마법사〉   54

자녀교육 처방 포인트   좋은 규칙 만들기   61

발표가 어려운 아이를 위한 맞춤 처방전_〈킹스 스피치〉   63

자녀교육 처방 포인트   아이의 발표력을 높이는 가족회의   71

시험만 보면 불안해지는 아이에게 건네는 말_〈오목소녀〉   72

✦ 2부 ✦
아이 스스로 공부하고 싶게 하려면

어렵고 힘든 공부, 대체 왜 해야 할까_〈해리 포터와 마법사의 돌〉	83
스스로 공부하는 아이는 어떻게 자라는가_〈트루 스피릿〉	91
자녀교육 처방 포인트 목표를 설정하기 어렵다면?	100
아이 스스로 공부하고 싶게 하려면_〈아이 캔 스피크〉	101
자녀교육 처방 포인트 꿈 지도 그리기	110
스스로 공부하는 아이의 부모가 다른 점_〈닥터 스트레인지〉	111
아이가 공부 외에 다른 것에만 관심이 많다면_〈오버 더 문〉	119
자녀교육 처방 포인트 활력과 자신감을 주는 취미 만들기	127
아이의 공부에서 지능보다 중요할 수 있는 것들_〈가타카〉	128
자녀교육 처방 포인트 스스로 생각하는 힘 기르는 질문하기	136

✦ 3부 ✦
아이는 각자의 방식과 속도로 나아간다

아이가 어떤 사람으로 자라길 바라는가_〈포레스트 검프〉   141

각자의 속도로 자라는 아이에게 필요한 것_〈야구소녀〉   148

실패하고 또 실패해도 '오히려 좋아'_〈엣지 오브 투모로우〉   154

좌절이 오히려 아이를 강하게 한다_〈언어의 정원〉   161

자녀교육 처방 포인트 오뚜기처럼 일어날 수 있는 힘, 그릿(Grit)   168

아이의 감정지능을 발달시키는 법_〈인사이드 아웃〉   170

자녀교육 처방 포인트 감정소통 부모 유형   179

아이는 친구와 노는 시간이 필요하다_〈우리들〉   180

친구와 함께 더 넓은 세상으로 나아간다_〈종착역〉   186

✦ 4부 ✦
아이는 부모의 믿음을 먹고 자란다

아이는 부모의 믿음을 먹고 자란다_〈불량소녀, 너를 응원해!〉   197

자녀교육 처방 포인트 흥미가 중요한 이유   207

아이를 가르치지 말고 아이와 함께한다는 것_〈에놀라 홈즈〉   208

자녀교육 처방 포인트 아이의 세계를 넓히는 경험의 중요성   214

부모의 태도가 아이의 성격을 좌우한다_〈그렇게 아버지가 된다〉   215

우리 아이에게 제대로 칭찬하는 법_〈죽은 시인의 사회〉   221

자녀교육 처방 포인트 무심코 쓰는 말을 격려의 말로 바꿔 보기   229

아이를 올바르게 훈육하는 법은 따로 있다_〈샤인〉   230

자녀교육 처방 포인트 훈육의 마무리는 이렇게!   238

부모의 좋은 기대와 나쁜 기대 사이에서_〈메이의 새빨간 비밀〉   239

자녀교육 처방 포인트 좋은 기대의 3요소   246

아이의 시험을 대하는 부모의 자세에 대하여_〈사도〉   247

자녀교육 처방 포인트 내 아이에게 맞는 공부법   255

참고문헌   257

잘할 수 있는데도
공부하기 싫은 마음

1등 할 수 있는데도 공부하기 싫은 마음

열두 살 재상이는 오늘도 엄마 손에 이끌려 수영장에 간다. 그런데 매일같이 힘든 훈련을 하는데도 대회만 나가면 4등이다. 결코 못한 등수가 아니지만 엄마는 늘 답답해하며 재상이를 다그친다.

그저 물이 좋아 시작한 수영이었는데 재상이는 이제 수영이 싫어지려 한다. 재상이는 4등이면 충분하다고 생각하지만 세상은 달랐다. 1등이 아니면 의미가 없다고, 1등이 되라고만 한다.

엄마는 혹독한 훈련으로 유명한 전 국가대표 출신 코치에게 재상이의 훈련을 위임한다. 재상이는 코치에게 혼나지 않기 위해, 엄마를 실망시키지 않기 위해 다시 힘을 낸다.

결국 4등에서 벗어나 1등과 큰 차이가 나지 않는 기록으로 2등을 차지하는 데 성공한다.

4등 4th Place, 2016

감독: 정지우
출연: 박해준, 이항나, 유재상 외

　재상이는 이대로 괜찮을까? 혹독한 훈련만 계속하면 언젠가 1등이 될 수 있을까? 언젠가 1등을 할 수 있을 것도 같다. 그리고 더 큰 압박과 더 혹독한 훈련을 계속하면 1등을 계속할 것도 같다. 하지만 그다음은 어떨까? 이런 성취가 오래 지속될 수 있을까?

　마치 다이어트를 위해 식욕억제제를 먹는 것과 같다. 식욕억제제를 먹으면 당연히 식욕이 줄고 살이 빠진다. 하지만 평생 먹을 순 없다. 언젠가는 복용을 중단해야 할 것이다. 그런데 중단하면 다시 식욕이 왕성해질 것이고, 결국 살이 오를 것이다. 다이어트의 왕도가 무엇인지는 모두 알고 있다. 좋은 식습관과 생활습관을 들이는 것이다. 알지만 실천은 어렵다.

　영화 〈4등〉은 〈해피 엔드〉 〈사랑니〉 〈은교〉 등 사회적 통념과

금기를 넘어서는 주제로 반항을 일으켰던 정지우 감독의 새로운 시도로 화제를 뿌렸다. 그는 "우리가 현재 어떻게 살고 있는지에 대한 단면을 잘라내 보여주고 싶었다."라고 제작 소감을 밝혔다.

1등만 기억하고 최고가 아니면 주목받지 못하는 세상에서 4등은 어떤 의미를 가질까. 〈4등〉은 어떤 시선을 보내고 있을까. 재상이가 충분히 1등을 할 수 있는데도 굳이 그렇게까지 열심히 하지 않는 이유는 무엇일까. 물이 좋아 수영을 할 뿐인 재상이에게 1등을 강요했을 때 그는 어떻게 해야 할까.

✦ 올바른 동기를 갖는다는 것 ✦

공부의 왕도는 무엇일까. 바로 '올바른 동기'를 갖는 것이다. 동기를 가진 아이를 '동기화'되었다고 하는데, 동기화된 아이는 학교생활에 만족감을 느끼며 수업에 긍정적인 태도로 임해 문제 행동을 덜 한다. 또 어려운 과제에 마주쳤을 때 끈기도 생기며 주도적으로 더 깊게 공부할 수 있다.

동기가 무엇이기에 이렇게 놀라운 효과를 가져오는 걸까? '동기'란 인간의 행동을 발생시키는 에너지이며 행동을 유지시키고 행동의 방향을 정해주는 심리적인 요인이다. 공부에서 동기가 중요한 이유는 단순히 어떤 행동을 하도록 하는 것뿐만 아니라 행동의 방향까지 정해주기 때문이다.

동기에는 두 가지 종류가 있다. '내재적 동기'와 '외재적 동기'가 그것이다. 여기 두 학생이 있다. 한 학생은 수업이 너무 재밌고, 이번에 배우는 단원이 흥미로워 중간고사만큼은 좋은 성적을 받고 싶어 한다. 다른 한 학생은 과목이나 내용에는 크게 관심이 없지만 이번 중간고사만큼은 정말 좋은 성적을 받아야 한다. 중간고사를 잘 보면 부모님이 최신형 스마트폰을 사주기로 하셨다.

첫 번째 학생은 외재적·내재적 동기가 모두 높고, 두 번째 학생은 외재적 동기는 높지만 내재적 동기는 낮다.

외재적 동기에서 공부는 최종 목적에 도달하기 위한 수단이다. 즉 중간고사에서 좋은 성적을 얻는 것이나 칭찬을 받는 것 그리고 부모님께서 사주실 최신형 스마트폰이 최종 목표이고 공부는 수단일 뿐이다. 반면 내재적 동기는 공부 자체가 목적이다. 공부하는 내용이 흥미로워 더 알고 싶은 목적으로 공부를 하는 것이다.

첫 번째 학생과 두 번째 학생 중 더 좋은 성적을 얻을 확률은 누가 더 높을까? 두 가지 동기와 성적과의 관계를 살펴본 연구들 대부분이 내재적 동기를 가진 학생이 외재적으로만 동기화된 학생보다 더 높은 성적을 얻는 경향이 있다고 한다.

아이가 어떤 행동을 하게끔 할 때, 부모님이나 선생님이 가장 쉽게 접근할 수 있는 방법은 내재적 동기가 아니라 외재적 동기를 자극하는 것이다. 〈4등〉에서 재상이 엄마가 하는 것처럼 잘하면 상을 준다든가, 코치처럼 못하면 벌을 준다든가 하는 식이다.

이런 접근이 모두 잘못된 건 아니다. 학교에서도 많이 활용되고 있는 방법이다. 학생이 긍정적인 결과를 얻을 수 있는 행동은 반복하고, 부정적인 결과가 나타날 수 있는 행동은 반복하지 않는다는 걸 전제한다. 하지만 역시 보다 지속적이고 큰 힘을 발휘하는 건 내재적 동기다.

✛ 아이 스스로 공부하게 하는 학습 동기 ✛

드디어 엄마와 코치의 방법이 통한 걸까. 4등만 하던 재상이는 1등 기록과 불과 0.02초 차이로 '거의 1등'인 2등을 차지했다. 그런데 재상이는 오히려 수영을 포기하겠다고 한다. 이제 수영이 싫어진 것이다. 엄마와 코치가 제시한 잘못된 외재적 동기유발의 결과였다.

외재적 동기에는 한계가 있다. 결국 내재적 동기를 일깨워야 한다. 내재적으로 동기화되려면, 수영 연습 그 자체를 좋아하고 잘하고 싶게 해야 한다. 공부로 보면, 어떤 과목 자체 또는 내용 자체를 좋아하고 흥미롭게 여기도록 해야 하는 것이다.

여러 연구에 의하면, 아이에게 도전감을 느낄 수 있는 상황을 만들어주고 아이가 자신의 학습을 스스로 통제하고 조율할 수 있다고 여기게 하면서 호기심과 상상력을 자극하는 방법으로 내재적 동기를 유발할 수 있다.

하지만 여기에도 함정이 있다. 내재적 동기는 학습활동 중의 즉각적인 재미나 만족의 측면에서 접근하기에 지속되지 않을 수 있다. 예를 들어, 수학에서 인수분해 단원은 너무 재밌어서 내재적으로 동기화될 수 있지만 함수 단원에선 배워야 할 이유를 모르겠고 어렵거니와 흥미도 동하지 않아 동기가 지속되지 않을 수 있는 것이다.

그래서 많은 연구에선 내재적 동기보다 한 차원 더 높은 '학습 동기'를 일깨워야 한다고 주장한다.

학습 동기는 학생이 학습 목표를 향해 학습 행동, 즉 공부를 하게 만드는 심리적인 상태다. 학습 의욕을 가질 수 있게도 해주고 학습을 준비하게도 해주며 학습을 계속하게 해주기도 한다. 학습 활동 자체에 동기부여가 되는 것이다.

학습 동기가 있으면 흥미가 없더라도 이해하고 공부하고자 노력한다. 배우고 이해하는 것 자체가 가치 있고 보람된 일이라고 믿기 때문이다.

내재적으로 동기화되고 공부 그 자체에 대한 학습 동기가 동기화되면 큰 힘을 발휘할 것이다. 공부에서 동기는 가장 중요한 개념이라고 해도 과언이 아니다. 공부를 잘하게 하기 위해선 우선적으로 어떻게 동기화할 것인지 고민해야 한다.

손에서 스마트폰을
놓지 못하는 아이의 경우

현대인에게 스마트폰은 필수품이다. 몇 번의 터치로도 생활이 편리해지고 즐거움도 얻을 수 있다. 원하는 걸 얻을 수도 있다. 하지만 그만큼 스마트폰에 중독될 가능성도 높아졌다.

학생이나 학부모에게서 흔하게 듣는 고민 역시 스마트폰 문제다. 우리나라 10~19세 청소년의 스마트폰 과의존 위험군은 2022년 기준 40%로 조사되었다. 2020년 35%, 2021년 37%에 이어 점차 심각해지는 추세다. 여가 활동에서도 주로 스마트폰을 이용한다. 스마트폰으로 여가를 즐긴다는 응답이 절반을 넘어갔다.

스마트폰은 왜 중독되기 쉬울까. 이유는 간단하다. 스마트폰은 항상 휴대하는데다 그 작은 물건에서 이용할 수 있는 게 무궁무진하기 때문이다.

아이들이 스마트폰으로 가장 많이 이용하는 콘텐츠는 동영상, 게임, 메신저 순이다. 스마트폰으로 필요를 채울 수 있고 즐거움을 맛볼 수 있으며 스트레스를 해소할 수 있다. 하지만 바로 그 점 때문에 중독뿐만 아니라 심각한 부작용을 초래할 수 있다.

스마트폰으로 얻는 대부분의 자극은 수동적이다. 능동적인 자극으로 뇌가 발달할 수 있는 기회를 빼앗는다. 뇌는 대상과 상호작용하며 발달한다. 다양한 감각을 실제로 체험해야 한다. 그런데 스마트폰이 주는 자극은 매우 자극적이지만 평면적이다. 대부분의 자극이 시청각에 집중되어 있는데 그마저도 일방적이다.

수동적인 자극은 아이가 상상력이나 창의력을 발휘하거나 판단하고 사고할 기회를 주지 않는다. 사고하고 판단하고 스스로 조절하는 영역인 전두엽의 발달을 저해한다. 전두엽은 청소년기에 집중적으로 발달하는데, 이 부분이 발달하지 못하면 정서 조절과 사회성이 저하될 수 있다.

또한 대부분의 영상과 게임은 사람들을 많이 끌어들이고자 화려하고 역동적인 화면으로 자극을 제공한다. 이런 자극은 도파민을 분출시킨다. 그 순간은 즐겁고 집중도 잘되는 게 사실이지만, 자극이 사라진 후에는 보통의 일반적인 자극에 무뎌지고 오히려 집중력이 저하된다. 특히 요즘 유행하는 숏폼 콘텐츠는 긴 시간 집중하는 능력을 발달시키는 데 방해가 된다. 맥락 없이 제공되기에 논리력과 문해력의 저하를 가져오기도 한다.

레디 플레이어 원
READY PLAYER ONE, 2018

감독: 스티븐 스필버그
출연: 타이 셰리던, 마크 라이런스, 올
리비아 쿡 외

영화 〈레디 플레이어 원〉에서의 상황도 비슷하다. 이 작품은 사이버 펑크 청소년 액션 어드벤처를 표방하는데 70대에 접어든 할리우드 대표 감독 스티븐 스필버그가 연출했다.

유명세를 떨쳤지만 작품성으로 혹평받은 동명의 소설 원작을 가져와 흥행과 비평 양면에서 일정 수준 이상을 보여줬다. 스필버그의 덕후 기질이 100% 발현되었다고 화제를 모았고 기대를 저버리지 않았다.

작품 속 가상 현실 게임에 1980~90년대 비디오게임, 영화, 애니메이션 등 대중문화의 레퍼런스들이 가득하다. 이에 수많은 이가 열광해 마지않는다. 현실을 저버리고 게임 속에서 허우적거리는 게 다반사다. 영화적 설정이니 더할 나위 없이 흥미롭지만 이 모습이 현실이라고 하면 가히 처참하기 이를 데 없을 것이다.

때는 2045년, 머지않은 미래다. 식량 파동과 인터넷 대역폭 폭등으로 살기 힘들어졌다. 주인공 웨이드 오웬 와츠, 일명 Z의 말에 따르면 '현실은 시궁창 같고 모두가 탈출을 꿈꾸고' 있다.

이때 그리게리어스 게임즈의 천재 프로그래머 할리데이가 새로운 가상 세계, '오아시스'를 출시한다. 오아시스는 모두에게 오아시스 같은 세계다. 상상이 현실로 이뤄져, 무엇이든 할 수 있고 누구든 될 수 있으며 어디든 갈 수 있다. 수없이 많은 사람이 매일같이 VR 장비를 착용하고 오아시스에 접속한다.

사람들은 현실을 잊고 오아시스 속에서 살아간다. 실제 현실이 어떻든 오아시스는 화려하고 재밌는 것들로 가득하며, 누구나 숨겨진 아이템을 찾을 수 있다. 현실에선 찾기 힘든 빠르고 강력한 자극들이 있고 스트레스나 무료함, 외로움 같은 건 찾을 수 없다. 오아시스에 빠진 사람들은 현실 세계에서 아이가 배고파 울거나, 심지어 집에 불이 나도 아랑곳하지 않는다. 그야말로 마음을 빼앗겼다. 중독된 것이다.

영화는 아이들이 스마트폰에 빠지는 과정과 이유를 잘 보여준다. 스마트폰의 강력한 매력도 한몫하겠지만, 그렇게 단순한 이유뿐만은 아니다. 나름의 사정과 이유가 있다. 그것을 알지 못한 채, 무작정 하지 말라고 하면 효과가 없다. 오히려 불만과 반감만 불러일으킬 수 있다.

첫 번째는 무료함이다. 아이들은 여가시간에 스마트폰으로 시선을 돌린다. 달리 할 게 없기 때문이다. 가장 활발하게 성장하는 시기인 만큼 에너지가 넘치고 활동량이 많지만 집중력은 낮다. 쉽게 심심해하고 지루해한다는 뜻이다. 지극히 정상이다.

무료하고 심심한 시간을 어떻게 보내야 할지 모를 때, 가장 쉽게 또 함께 놀 수 있는 대상이 스마트폰이다. 스마트폰으로 무료함을 달래다 보면, 다른 것으로 무료함을 채우고 즐거움을 느끼기가 쉽지 않다. 스마트폰으로 얻는 자극이 워낙 커서 여타 일반적인 자극에 무뎌지기 때문이다.

여가시간을 재밌고 흥미롭게 보낼 수 있는 뭔가를 아이에게 제공해야 한다. 아이가 신나게 놀거나 즐거운 시간을 보낼 때 스마트폰을 찾지 않는다는 걸 알 것이다.

스마트폰을 하지 않는다고 공부를 해야 하는 건 아니다. 쉬는 시간은 꼭 필요하니 말이다. 심심하면 책을 읽으라는 식의 지도는 오히려 책을 더 싫어하게 만들 수 있다. 책을 읽게끔 하고 싶으면 먼저 책 읽기의 즐거움을 알도록 도와줘야 한다. 공부 외에 아이가 흥미를 느끼고 즐거운 시간을 보낼 수 있는 활동에 대한 고민이 필요하다.

두 번째는 외로움이다. 인간에겐 타인과 연결되고 싶은 욕구와 인정받고 싶은 욕구가 있다. 하지만 타인과 연결되는 건 많은 에너지를 소모한다. 부모 역시 아이와 교감을 나누길 원하지만, 대화의 방향이 아이의 마음을 헤아리기보다 으레 요구와 기대로 향하곤 한다.

반면 스마트폰 속 세상에선 보장된 익명성으로 비슷한 생각을 가진 사람을 자유롭게 만날 수 있다. 온라인 커뮤니티나 게임으로 소속감을 갖고 공동체의 일원으로 경험을 만끽하기도 한다. 그렇게 외로움이 해소되는 것이다.

나아가 자신의 생각을 펼침에 있어 타인의 동의를 얻거나 게임 실력을 인정받는다면, 아이에게 스마트폰 속 세상은 단순한 유희 이상의 의미가 된다.

아이는 부모의 관심과 사랑을 먹고 자란다. 충족되지 않으면 다른 대상을 찾아 충족하려 할지 모른다. 아이가 스마트폰에 너무 몰두한다면, 충족되지 못한 욕구가 있는지 헤아려보는 게 좋다. 아이가 어색해하거나 거부할 수도 있지만 계속 표현하고 대화해야 한다. 아이는 언제나 '이해와 공감'을 원하고 있다.

다음은 좌절감이다. 공부는 마음대로 잘되지 않고 시간과 노력을 투자한 만큼 성과가 잘 나오지 않는 것 같다. 아무리 노력해도 공부가 어렵다는 사실은 변하지 않고, 더 잘하는 친구들이 늘 존재한다.

하지만 스마트폰 세상은 다르다. 몇 번의 터치만으로 원하는 정보를 얻을 수 있고, 머리 아플 것 없이 새로운 지식을 얻을 수 있다. 별다른 노력 없이 쉽고 재밌게 즐거운 시간을 보낼 수 있다.

게임의 경우 더욱 극명하게 나타난다. 게임은 즉각적인 보상이 주어진다. 몇 번의 시도만으로 금세 화려하게 치장되고 레벨이 오른다. 성과를 빠르게 확인할 수 있는가 하면, 실패하더라도 다시 하면 된다고 격려한다. 패배감이나 좌절감을 겪지 않고, 일정 시간과 노력을 들이면 레벨이 오르는 경험으로 성취감을 얻으니 말이다.

마지막은 스트레스다. 상당수의 아이가 스마트폰으로 스트레스를 해소한다. 아이는 많은 스트레스에 노출되어 있지만 적절하게 해소할 수 있는 환경이나 방법이 마련되어 있지 않다.

그렇기에 스트레스 상황을 회피하거나 해소하려고 할 때, 스마트폰이야말로 쉽게 접근할 수 있으면서 즉각적인 쾌락이나 만족감을 주는 도피처의 역할을 하는 것이다. 그래서 부모 역시 '그래, 스트레스를 해소한다는데' 하고 눈감아주는 것 같다.

스트레스 관리야말로 공부에서 가장 중요하다. 즐거운 정서에서의 학습 효과가 그렇지 못할 때보다 훨씬 크기 때문이다.

그런데 스마트폰이 스트레스를 해소하는 데 효과적인지는 의문이다. 스마트폰처럼 중독성이 높고 큰 자극은 오히려 뇌에 부담을 준다. 또한 강한 자극으로 감정을 빠르게 무마해버리면 스트레스나 감정을 조절하는 방법을 터득하기 어려워지기도 한다.

가능하면 아이가 스마트폰을 접하는 시기를 늦추는 게 좋겠지만, 불가능하다면 잘 조절할 수 있도록 도와주자고 마음먹는 편이 낫다.

아직 아이 소유의 스마트폰을 사주지 않았다면, 적당한 시기는 초등학교 5학년 정도다. 이 시기에 책임감이 생기고 규범이나 약속의 중요성도 이해하기 시작한다. 또한 친구들이 스마트폰을 가지고 있는 경우가 많아 또래 관계를 위해 필요할 수도 있다.

사용 시간과 올바른 사용 규칙은 반드시 함께 만들어야 한다. '저녁 여덟 시 이후에는 스마트폰 금지' '하루에 동영상 다섯 개 이하로 보기'처럼 구체적으로 세우는 게 좋다. 또한 아이에게서 스마트폰이 왜 필요한지, 어떻게 사용할 것인지 등 부모를 설득할 수 있을 만한 이유와 다짐을 받은 후 구입을 결정하는 게 좋다.

아이가 스마트폰을 과하게 사용한다면, 일방적으로 제한할 게 아니라 대화로 함께 방법을 찾아야 한다. 현재 사용 시간을 솔직하게 말하게 하고, 어느 정도 줄이면 좋을지 아이에게 묻는다. 시간은 현실적으로 지킬 수 있게 조정한다. 점검표를 만들어 스스로 체크하게끔 하는 것도 좋다.

또한 하루에 한 시간이나 저녁 식사 후 30분처럼 시간을 너무 구체적으로 정하는 것보다 3일에 세 시간처럼 일정한 기간으로 사용 시간을 정하는 게 좋다. 이런 방식은 아이가 스스로 시간을 더 쓰거나 덜 쓰며 조절하는 법을 배울 수 있게 한다. 때론 아예 하지 않는 날도 생기도록 하는 것이다.

가장 중요한 건 부모부터 스마트폰을 내려놓는 것이다. 부모가 손에서 한시도 스마트폰을 놓지 않으면서 아이에게 사용을 제한하면, 아이는 부당함을 느낄 것이다. 아이가 스스로 완전히 조절할 수 있는 시기에 도달할 때까진 온 가족이 함께 조절해야 한다.

부모는 아이의 스마트폰 사용 공백을 대신할 방안을 반드시 마련해야 한다. 무료함이 원인이라면 다른 즐길거리를 제공해야 하고, 스트레스가 원인이라면 스트레스를 해소할 다른 방법을 알려 줘야 한다.

[스마트폰 사용 시간 점검하기]

+ 일주일간의 사용 시간을 점검해, 현재 사용 시간을 정확히 알아본다.

+ 현재 스마트폰 사용 시간 : 주 _____ 회, 평균 _____ 분

요일	월	화	수	목	금	토	일
사용 시간							

+ 현재 사용량을 기준으로 달성할 수 있는 목표 시간을 아이가 스스로 직접 정하게 한다. 너무 무리한 목표를 세우는 것보다 충분히 달성할 수 있는 현실적인 목표를 정하고 점차 줄여나가는 게 좋다.

+ 3일에 세 시간을 목표로 하면, 매일 사용량만큼 체크한다. 하루 사용량을 통제하기보다 총 사용 시간이 채워지면 더 이상 사용할 수 없다는 규칙을 명확히 한다.

총 사용 시간 (세 시간 / 3일)																	
한 시간						두 시간						세 시간					
10	20	30	40	50	60	10	20	30	40	50	60	10	20	30	40	50	60

+ 사용 시간을 잘 지켰다면 칭찬과 보상을 해주는 게 좋다.

+ 사용 시간을 잘 지키지 못했다면 아이와 함께 원인에 대해 얘기해보고 몇 번 더 시도하거나 목표를 수정하는 게 좋다.

극장 개봉 영화 │ 〈퍼시 잭슨과 번개도둑〉

산만한 아이가
특별할 수 있는 이유

아이가 어릴수록 부모는 공부 자체의 고민보다 아이의 행동과 태도에 더 관심을 갖는 것 같다. 아이가 너무 산만하다거나 집중을 못하는 것 같다는 고민 말이다. "한시도 가만히 있질 못해요." "책상에 앉혀놔도 5분을 못 가서 딴짓을 하려고 해요." 등. 집중을 잘하면 공부도 잘할 거라고 생각하기에 그럴 것이다.

아이는 본래 활동량이 많고 어른에 비해 주의집중 시간이 짧다. 그렇기에 어른의 입장에서 아이를 보면 산만하다고 느낄 수 있다. 하지만 정작 심각하게 산만한 아이는 그다지 많지 않다. 아이가 주의력이 부족한지 또 산만한지는 또래 집단과의 비교로 진단해야 한다. 또한 집보다 학교에서 잘 드러나기에 선생님의 의견을 들어보는 게 좋다.

아이가 집중력을 발휘할 수 있는 시간은 4세가 10분, 5~6세가 12분, 초등학교 저학년의 경우 15~20분, 초등학교 고학년은 30분 정도다. 중학생 이상이 되어야 30~40분의 시간을 집중할 수 있다. 수업 시간이 초등학교의 경우 40분, 중학교는 45분, 고등학교가 50분인 것도 이를 고려해서다. 수업 시작 후 준비 시간과 마무리 시간을 제외한 실제 수업 진행 시간을 학생의 집중 가능 시간에 맞춘 것이다.

영화 〈퍼시 잭슨과 번개도둑〉의 주인공 퍼시 잭슨도 집중력과 주의력 문제를 겪고 있다. 그의 경우 난독증 때문이기도 하지만 좀처럼 집중하기가 어렵다.

주의력 결핍은 학년이 올라갈수록 심해졌다. 수업 시간에 늘 딴생각을 했고 수업을 잘 따라가지 못했다. 그를 보고 선생님들은 주의력이 결핍되었다고 말하거나 문제아 취급을 했다.

퍼시 잭슨의 경우, 멍하니 딴생각을 하는 유형과 충동적으로 행동하는 유형이 혼합되어 나타나는 것 같다. 그는 알지 못했지만, 사실 그는 바다를 지배하는 신 포세이돈과 인간의 혼혈로 태어난 '데미갓'이었다. 그의 주의력 결핍이나 때때로 나타나는 충동적인 행동은 데미갓으로서 인간 세상을 살아가며 나타나는 특성 때문이었다.

〈퍼시 잭슨과 번개도둑〉은 아동 판타지 소설의 대가 릭 라이어던의 베스트셀러 소설 시리즈를 원작으로, 〈나 홀로 집에〉 1, 2와

퍼시 잭슨과 번개도둑
Percy Jackson & the Olympians:
The Lightning Thief, 2010

감독: 크리스 콜럼버스
출연: 로건 레먼, 브랜든 T. 잭슨, 알렉
산드라 다다리오 외

〈해리 포터〉1, 2 등을 연출하고 〈박물관이 살아 있다〉 시리즈 등
을 제작한 크리스 콜럼버스 감독의 연출작이다. 가족 판타지 어
드벤처의 대가가 '제2의 해리 포터'를 기대하고 만들었지만 크게
히트치지 못했다. 하여 2편까지만 나왔다.

그럼에도 이 작품은 미덕을 지니고 있다. 퍼시 잭슨은 신과 인
간의 혼혈로 태어나 인간 세상에서 적응하지 못하며 이상한 아이
로 낙인찍혔다. 하지만 그건 겉으로 드러난 잭슨의 행동만 보고
잭슨의 본질을 들여다보지 않았기 때문이다. 사실 그는 특별한
아이였다. 잭슨이 존재 이유와 삶의 이유를 찾아가는 여정의 재
미와 감동이 쏠쏠하다.

산만하다거나 주의력이 부족한 아이의 유형은 세 가지로 나눌수 있다. 한시도 가만히 있지 못하는 유형과 자꾸 사고를 치거나 충동적으로 행동하는 유형이 일반적인데, 멍하니 있거나 딴생각을 하는 유형도 있다. 한 가지만 나타나거나 두 가지 혹은 세 가지가 혼합되어 나타나기도 한다.

가만히 있지 못하는 유형이 가장 많이 발견된다. 활동량이 많아놀이 시간이나 체육 시간에는 활발하지만 수업이나 식사 시간처럼 오랜 시간 가만히 있어야 할 때 힘들어한다. 활동을 조절하기 어려운 것이다. 또한 주변 자극에 반응력이 높아 주의가 쉽게 분산된다.

자꾸 사고를 치거나 충동적으로 행동하는 유형의 경우, 지루하거나 재미없는 일에 집중하지 못하는 경향이 높다. 그래서 대충끝내버리려 할 때 실수가 발생한다. 규칙이나 지시를 잘 지키지못하는 것 역시 지시를 주의 깊게 듣는 걸 어려워하기 때문이다.관심 주제가 매우 다양하고 생각이 많아 행동이나 생각을 지속하기 어려워하기도 하며, 공부의 경우 좋아하고 관심 있는 과목과그렇지 않은 과목의 성적 차이가 두드러지게 나타나기도 한다.

멍하니 있거나 딴생각을 하는 유형은 조용한 아이에게서 나타나기 쉽기에 늦게 발견하는 경우가 많다. 이런 유형은 지속적인 주의집중에 어려움을 느끼고 회피하는 것처럼 보일 수도 있다. 주의집중 문제일 수도 있지만 우울감 등 심리적인 문제로 나타날 수 있으니 주의 깊은 관찰이 필요하다.

잭슨이 데미갓으로 태어나 고유한 특성을 가진 것처럼 산만한 것도 기질적 성향이다. 산만한 아이는 그저 자기조절력이 조금 부족할 뿐이다.

의지가 약하거나 책임감이 없거나 나쁜 아이여서가 아니다. 부모가 교육을 잘못해서 나타나는 결과도 아니다. 그러니 혼을 내거나 강압적으로 통제할 게 아니라 아이의 성향을 고려한 적절한 지도가 필요하다.

+ 산만한 아이가 특별한 이유 +

잭슨처럼 산만한 아이의 부모는 어떻게 해야 할까. 잭슨이 데미갓 학교에 들어가고 제우스의 번개를 되찾은 과정에서 살펴볼 수 있다.

첫 번째는 적절한 환경을 제공해주는 것이다. 잭슨이 데미갓 학교에 간 것처럼 말이다. 그곳은 잭슨에게 완전히 새로운 곳이고 외부와 차단된 세계이며 신과 데미갓만을 위한 공간이다.

산만한 아이는 집중해야 할 때 작은 자극에도 주의력을 잃기 쉽다. 그러니 아이의 집중을 방해할 자극을 최소화해주는 게 중요하다.

공부할 곳에는 잡다한 물건이 눈에 띄지 않도록 하고, TV 소리나 음악 등의 소음이 없도록 해야 한다. 책상이 창가에 있어 창밖 풍경이 아이의 집중을 방해한다면 커튼을 달아 가려주자.

새로운 환경을 자주 만들어주는 것도 좋다. 학기 초에 문제 행동이 그나마 덜 일어나는 것도 같은 이유인데, 새로운 것에 관심을 갖고 조금 더 주의를 기울이기 쉽기 때문이다.

두 번째는 새롭고 다양하며 자극적이고 재밌는 과제를 제공해주는 것이다. 잭슨에겐 데미갓 학교의 모든 게 새롭고 자극적이며 신선했을 것이다. 그곳에선 반신반인으로 살아가고자 필요한 것들을 배우고 체험한다. 듣도 보도 못한 것들이었다.

어떤 분의 고민이 떠올랐다. 아이가 게임이나 동영상을 볼 때 몇 시간이고 집중하는 걸 봐선 집중력이 없는 것 같진 않은데, 공부만 시키면 산만하다는 고민이었다.

산만한 아이가 스마트폰으로 게임을 하거나 동영상을 볼 때 몇 시간씩 집중하는 경우를 종종 본다. 게임이나 동영상은 시청각 자극 등으로 아이의 이목을 집중시킨다. 내용 또한 끊임없이 변하면서 매분 매초 새로운 자극이 집중을 이끄는 것이다. 자극적인 대상에 오래 집중할 수 있다고 산만하지 않은 건 아니다.

여기서 아주 중요한 힌트를 얻을 수 있다. 게임이나 동영상에 집중을 잘하는 아이의 공부 역시 그래야 한다는 것이다. 아이와 함께 교재를 고를 때 색채가 많거나 그림, 사진 등이 눈에 띄는 게 좋다. 만화로 된 책도 추천한다.

같은 이유로 산만한 아이에게 선행학습은 금물이다. 이미 공부한 거라고 생각하면 주의력을 쉽게 잃는다. 아이가 오래 집중할 수 있도록 반복적인 건 최대한 배제하고 호기심을 자극하는 자료와 과제를 제공하자.

세 번째는 단순하고 작은 목표부터 정하고 보상을 즉시 자주 해주는 것이다. 작은 목표의 달성 경험은 아이에게 자신감과 자아 효능감을 가져다준다.

'5분만 집중하기' '한 페이지만 읽기'처럼 단순하고 작은 목표부터 시작하자. 그 후 점진적으로 큰 목표를 설정한다. 집중 시간도 짧게 시작해 점차 길게 늘려간다.

이때 중요한 건 작은 목표를 정확히 정하고 달성하면 즉시 보상해주는 것이다. 외적 보상으로 외적 동기를 발달시키는 것보다 내적 동기를 자극해야 한다지만, 산만한 아이의 경우 외적 보상으로 작은 목표부터 달성하는 게 필요하다.

영화에서 퍼시 잭슨과 친구들이 엄마를 구하고 번개를 찾아가는 과정이 인상적이다. 다짜고짜 엄마를 구하고 제우스의 번개를 찾아 신들의 전쟁을 막는다는 게 아니었다.

처음엔 지하 세계에 가고자 하데스의 아내 페르세포네의 진주

세 개를 찾는 게 목표였다. 메두사와 맞서고 파르테논 신전을 찾아가고 라스베가스 카지노에서 한 번에 하나씩 진주를 찾았다. 그다음 목표는 지하 세계를 찾아가는 것, 그다음 목표는 엄마를 구하는 것. 그렇게 그들은 작은 목표에서 점차 큰 목표로 나아가고 결국 제우스의 번개를 찾아 신들의 전쟁을 막는다.

네 번째는 혼을 내기보다 긍정적인 특성이 발달될 수 있게 하는 것이다. 산만한 아이에게 야단을 치거나 체벌을 하면 행동이 일시적으로 통제되는 것처럼 느낀다. 아이의 근본적인 행동은 고쳐지지 않고 오히려 아이의 마음에 상처가 될 수 있다. 특히 체벌은 강한 반발심을 일으킬 수 있으니 주의해야 한다.

산만한 아이는 데미갓처럼 특별한 존재다. 활동량이 많고 부산스럽다는 건 많은 에너지로 더 많은 활동을 할 수 있다는 뜻이다. 자극에 쉽게 반응하는 건 세상에 관심이 많다는 뜻이고, 주의집중을 오래 하지 못하고 쉽게 다른 데 관심을 갖는 건 호기심이 풍부하다는 방증일 수 있다.

지루하거나 재미없는 일에 노력을 하지 않는다는 건 좋아하고 관심이 있는 일에는 누구보다 집중력을 발휘할 수 있다는 뜻이기도 하며, 멍하니 딴생각을 한다는 건 상상력이 풍부하고 생각이 많다는 뜻이기도 하다.

그러므로 산만한 아이의 긍정적인 특성들이 발휘되고 발달될 수 있는 기회를 주는 게 중요하다.

[휴식 시간도 중요해요]

아이가 축구나 게임을 좋아해도 쉬지 않고 하루 종일, 매일 계속할 수는 없다. 아무리 유익한 배움이나 즐거운 공부라도 쉬는 시간은 꼭 필요하다.

공부는 장기전이다. 쉬는 시간 없이 몰아치기만 하면, 오래 계속할 수 없다. 그래서 틈만 나면 쉬고 싶다. 지치거나 질려서 공부 자체를 싫어하게 될 수도 있다.

공부하는 시간이 많다고 해서 무조건 효과적인 건 아니다. 공부의 효율성을 높이려면 온전히 쉬는 시간이 꼭 필요하다.

학습한 내용은 잠잘 때 정리되어 저장되고, 창의성과 아이디어는 쉴 때 활발하게 떠오른다. 충분한 수면과 휴식 시간은 아이의 배터리를 충전해주는 것과 같다. 지치지 않고 즐겁게 오래 하고 싶으면 몸과 마음이 쉬는 시간을 충분히 주자.

남들보다 조금 느린 아이,
걱정 마세요

포는 아침마다 아빠에게 잔소리를 듣는다. 아빠의 국수 가게를 돕는 데 꼼지락거리면서 가게로 내려오려 하지 않기 때문이다. 늦잠은 기본, 아빠가 깨워도 일어나 내려오는 게 한세월이다. 일어나는 것도 느릿느릿, 와중에 무적의 5인방 피규어에게 인사하는 건 잊지 않는다. 몸집이 큰 판다(팬더)라서 느린 걸까?

어느 날, 쿵후(쿵푸)의 성지라 불리는 제이드 궁전에서 용의 전사를 뽑는 대회가 열린다. 20년 전 감옥에 갇힌 타이렁이 돌아올 거라는 예언에 대비한 대회였다. 쿵후를 좋아하는 포 역시 대회를 구경하러 간다. 하지만 평화의 계곡 꼭대기에 있는 제이드 궁전으로 모두 달려간 반면 포는 올라가지 못한다. 역시 몸집이 큰 판다라서 움직임이 둔한 걸까?

포가 가까스로 문 앞에 다다랐을 때는 이미 대회가 시작해 대회장 문이 닫혀버린다. 대회장엔 들어가지 못했지만 무적의 5인방 중 누가 용의 전사가 될지 너무나 보고 싶었던 포는 폭죽 단 의자를 만들어 폭발을 이용해 대회장 한가운데에 떨어진다. 그 모습을 본 제이드 궁전의 마스터이자 대사부인 우그웨이는 포가 바로 선택된 자라며, 그를 용의 전사로 임명한다.

얼떨결에 용의 전사가 된 포, 첫 번째 훈련 시간이다. 포는 쿵후를 좋아하나 힘든 운동이나 훈련에는 열의가 없다. 용의 전사가 되고자 그토록 힘들게 훈련을 해온 무적의 5인방으로선 척 봐도 둔하고 소질 없는 포가 탐탁지 않다.

사부는 우그웨이에게 포를 제자로 받아들일 수 없다고 말하지만, 우그웨이는 포를 믿어주면 타이렁을 물리칠 수 있을 거라고 한다. 통제하려 하지 말고 믿고 기다려주라고 말이다.

알고 보니 포 역시 잘하고 싶었다. 하지만 몸이 따라주지 않아 부끄럽고, 다른 친구들이 너무 잘해 주눅도 들고, 사부도 자신을 싫어하는 것 같아 내색하기 어려웠던 것이다.

포는 둔하고 재능이 없는 것처럼 보였지만 결코 포기하지 않았다. 다른 대안이 없어 포를 훈련시킬 수밖에 없었던 사부는 포에게 맞춤 훈련을 시키기로 결심한다. 음식을 사랑하는 포에게 딱 맞는 방법으로 말이다. 포만을 위한 맞춤 훈련과 사부의 믿음으로 포는 점차 용의 전사에 걸맞는 모습을 갖춰 나가기 시작한다.

영화 〈쿵푸팬더〉는 〈슈렉〉 시리즈로 높이 날아올랐다가 변변찮은 후속작들로 픽사에 밀렸던 드림웍스 애니메이션에게 다시금 희망을 선사한 명작으로 기억된다. 이후 드림웍스는 명가 재건의 박차를 가할 수 있었다.

한편 〈쿵푸팬더〉는 시리즈화되어 2, 3편이 연달아 나왔는데 한국계 미국인 제니퍼 여 넬슨 감독이 두 편 다 연출을 맡아 '대형 영화사 최초 아시아계 여성 감독'이라는 타이틀로 화제가 되었다.

영화는 재미와 감동 그리고 메시지를 다 잡았다. 모두 주인공 판다 '포'에 의해 이뤄지는데, 몸집이 비대하고 느리고 게으르기까지 한 포가 자신을 믿어주는 사부 아래에서 매뉴얼 따위 없는 지독한 쿵후 수행으로 성장을 거듭해 용의 전사로 거듭나 악을 물리친다는 내용이다.

판다와 쿵후의 조합부터 환상적이다. 무슨 말인고 하니, 게으르고 느린 판다가 빠른 쿵후를 할 수 있을 거라곤 누구도 생각하지 못할 텐데 포가 해내는 모습을 보여주니 자연스레 선입관과 고정관념이 깨지는 것이다.

많은 부모가 아이의 느린 행동을 걱정한다. 밥을 한 시간 넘도록 먹는다든지, 30분이면 충분할 숙제를 세 시간이 지나도 끝내지 못한다든지, 옷을 입거나 아침에 등교 준비를 하는 데도 너무

쿵푸팬더 Kung Fu Panda, 2008

감독: 마크 오스본, 존 스티븐슨
출연: 잭 블랙, 더스틴 호프만, 안젤리
　　　나 졸리, 성룡 외

오래 걸린다든지, 글씨 쓰는 게 느려 선생님이 칠판에 쓴 내용을 반도 필기하지 못한다든지.

　밥을 늦게 먹거나 숙제를 늦게 하는 등 느린 행동 자체는 아이가 불편을 느끼지 않으면 큰 문제가 되지 않는다. 하지만 느린 행동의 원인을 알지 못하면 게으름을 피우거나 답답한 아이로 치부해버릴 수 있기 때문에, 원인을 아는 건 매우 중요하다.

　우선 알아야 할 건, 아이가 어른보다 느린 게 당연하다는 점이다. 어른에 비해 아이의 행동은 아직 정교화되지 못했고 요령이 부족하기 때문에, 느리게 보이고 답답하게 느낄 수 있다. 하지만 아이들은 모두 그들만의 속도가 있다.

아이의 느린 행동에는 다양한 원인이 있을 수 있다. 각각의 원인을 짚어보고 행동 개선 방법을 살펴보자. 그런데 단순히 행동이 느린 게 아니라, 학습 자체를 이해하기 힘들어하거나 언어, 의사소통 등 특정 영역에서 어려움을 겪는 경우가 있을 수 있다. 이 경우에는 전문가를 만나보는 게 좋다.

첫 번째, 주의력이 부족하거나 산만한 경우 느린 행동으로 나타날 수 있다. 한 가지 일에 집중하지 못하기 때문이다. 너무 많은 생각이 들거나 주변 자극에 쉽게 주의력이 흐트러져, 한 가지 행동에 오랫동안 집중하기 어렵다.

간단한 숙제도 오랫동안 붙잡고 있는 아이를 관찰해보면, 숙제를 하다 말고 돌아다니거나 주변 물건으로 장난을 치거나 딴생각을 하기도 한다.

이런 경우, 집중하는 시간을 조금씩 늘려가는 연습을 하면 느린 행동이 개선될 수 있다. 공부뿐만 아니라 일상생활에서도 마찬가지다. 여러 가지 일을 한 번에 시키면 아이의 행동은 더 느려진다. 여러 가지 일을 해야 할 때는 일의 순서를 정해주거나 할 일을 한 번에 한 가지씩 구체적이고 명확하게 알려주는 게 도움이 된다.

두 번째, 긴장이 높거나 완벽주의 성향이 높은 경우에도 행동이 느릴 수 있다. 긴장이 높으면 뇌는 긴장을 낮추려고 한다. 그러니 행동이 느려진다. 긴장이 높은 아이들은 소극적인 경우가 많다.

이런 경우, 느리다고 타박하거나 계속 채근하면 얼어붙는다. 어떤 것도 할 수 없게 되고 행동은 더 느려진다. 그러니 답답하더라도 기다려야 한다.

시간을 넉넉하게 주고 활동을 시키는 게 좋다. 시간 내에 끝낼 수 있다는 자신감을 주는 것이다. 닦달하지 말고 일단 아이의 현재 긴장도를 낮춰주는 게 중요하다.

완벽주의 성향이 높은 경우도 비슷하다. 꼼꼼하고 신중하게 생각하고 행동하기에 느린 것이다. 한 가지 일을 완벽하게 끝내야만 다음 과정으로 넘어갈 수 있기에 전체적인 흐름이 느리게 느껴질 수 있다.

실수나 실패를 두려워하기 때문에 긴장도가 높은 경우도 많다. 이런 경우, 제시간에 일을 끝마치는 것도 의미 있고 중요하다는 걸 알려줘야 한다.

세 번째는 정서적인 문제를 겪고 있는 경우다. 아이가 우울감이나 불안을 느끼면 느린 행동으로 나타날 수 있다. 우울감은 행동을 위축시켜 관심이나 흥미, 집중력과 반응이 낮아지게 한다. 학교생활이나 친구, 혹은 가족 관계에서 어려움을 겪고 있진 않은지 자세히 관찰해야 한다.

네 번째는 의존적인 성향의 경우다. 아이가 스스로 생각하고 선택해 행동하는 경험이 부족하면 의존적인 경향이 되기 쉬운데,

느린 행동으로 나타날 수 있다. 아이가 혼자 할 수 있는 일도 누군가 계속 대신해줬다면, 조금만 힘든 일에도 누군가 대신해줄 거라는 기대가 생긴다.

이런 경우, 아이가 작은 일부터 스스로 판단하고 선택해 행동하도록 유도해야 한다. 작은 일부터 스스로 성공하는 경험을 갖도록 하는 게 중요하다. 늘 누군가 도와주면 아이는 서두를 필요가 없어진다.

다섯 번째는 타고난 성향이나 기질이 느린 경우다. 사람마다 타고난 기질이 다르므로 나쁘다거나 또는 좋다고 할 수 없다. 성격을 바꿔야겠다고 생각하기보다 아이의 기질 그대로를 받아들이는 게 필요하다.

타고난 성향이 느린 경우, 게으르거나 의욕이 없어 보일 수도 있지만 정작 아이는 열심히 최선을 다하고 있는 것일 수 있다. 그저 행동이 느린 것뿐이다.

이런 경우, 재촉하기보다 인내심을 가지고 여유롭게 기다려야 한다. 아이도 나름대로의 생각으로 행동하고 있기 때문이다. 하지만 실생활에선 시간 내에 일을 끝내야 하는 경우가 많다. 그러니 이런 성향 때문에 문제를 겪지 않도록 생활 습관을 개선해줄 필요가 있다.

마지막으로 의도를 가지고 느리게 행동하는 경우다. 아이가 불만을 표현하는 방법의 일환으로 느리게 행동할 때가 있다. 고의

적 지연 같은 소극적인 방법으로 불만을 표출하는 것이다. 부모를 곤란하게 하고자 이런 일이 생기기도 하는데, 이런 경우 아이와의 관계를 다시 살펴봐야 한다.

그런가 하면, 정말 하기 싫은 경우에도 느리게 행동한다. 이때는 그 일이 왜 하고 싶지 않은지 물어봐야 한다. 만약 특정 과목의 공부 문제라면 아이와 상의해 공부할 과목의 순서나 시간을 분배해보는 것도 좋다.

+ 그저 아이를 믿어만 주면 된다 +

행동이 느린 아이는 굼뜨고 답답한 아이가 아니라 내면세계가 풍부한 내향적인 아이라고 생각하자.

느린 아이에게 하지 말아야 할 건 '꾸물거리고 느리다'라고 낙인을 찍는 일이다. 부모가 아이를 그렇게 취급할수록 아이는 스스로를 느리고 꾸물거리는 사람으로 인식한다.

느린 아이에게 중요한 건 부모의 '기다림'과 '믿음'이다. 무관심과는 다르다. 아이의 행동에 관심을 갖고 해낼 수 있다는 믿음을 주는 것이다.

당면한 사회가 굉장한 속도로 경쟁하는 게 너무 당연시되어 부모 입장에선 답답하겠지만, 속도만이 미덕은 아니다. 행동이 느리다고 모든 게 더딘 것도 아니다. 행동이 느린 아이라도 빠르게 행동하는 부분이 있을 것이다.

행동이 느리더라도 노력하면 오히려 시간 내에 더 잘할 수 있다는 자신감을 심어주자. 신중하면서도 책임감 있는 노력형 아이로 자랄 것이다.

"저 복숭아꽃들이 언제 어느 날 개화할지 어찌 알고, 저 수많은 복숭아 중 어떤 게 언제 낙과할지 어떻게 알겠나? 자네는 그저 그 아이를 믿어만 주면 되는 거야. 약속하게, 사부. 믿음을 갖겠다고 약속해주게나."

－〈쿵푸팬더〉 중－

[스스로 공부하기의 시작, 시간 관리 연습]

+ 시간 관리 능력은 연습으로 충분히 키울 수 있다. 집중력을 발휘해 제시간 안에 과제를 해결하는 연습을 한다. 꾸준함이 생명이다.

+ 매일 한 시간 정도 일정한 공부 시간을 만들고 그 시간 안에 해결할 과제를 정한다. 과제는 '학습지 몇 장 풀기' '책 몇 장 읽기' 같이 적절한 분량을 고려해 구체적으로 정한다.

+ 시간 관리 연습을 처음 해보거나 초등학교 저학년이면 하루에 10~15분 정도부터 시작해도 된다. 다만, 한 시간은 넘지 않는 게 좋다. 중요한 건 최대한의 집중력을 발휘해 시간 안에 과제를 해내는 것이다. 시간이 너무 길어지면 과제의 분량도 늘어나 집중력과 효율이 떨어진다.

+ 대신 매일, 꾸준히 연습하는 게 중요하니 전체 시간과 분량은 반드시 아이와 함께 정한다. 매일 한 시간 동안 학습지 세 장을 풀기로 했다면, 그 시간만큼은 아이를 믿고 지켜본다. 집중력을 발휘해 정해진 시간보다 더 빨리 해냈다면 남은 시간은 자유다. 그 외 적절한 보상도 좋은 방법이다. 시간 관리와 스스로 공부하는 습관은 초등학생 때부터 들여놔야 나중에 힘들지 않다.

통제 안 되는 아이,
좋은 규칙 만들기

꽤 많은 부모에게서 이런 말을 듣곤 한다. "누구네 아이는 스스로 공부도 잘한다는데, 시키지 않아도 혼자서 집중도 잘한다는데, 왜 우리 아이는 스스로는커녕 시켜도 공부를 안 하려고 하고 집중도 오래 하지 못할까요?" 왜 이런 차이가 나타날까?

좋은 부모의 역할은 통제하는 게 아니라 아이의 행동에 자율성을 부여하고 아이가 스스로 문제를 해결해 나갈 수 있도록 조력하는 것이다.

물고기를 잡아주는 것도 아니고 물고기를 잡으라고 옆에서 다그치거나 가르쳐주는 것도 아니다. 아이가 스스로 물고기를 잡을 수 있게 하고 필요한 경우 도움을 주는 것이다.

중요한 건 아이 '스스로' 문제를 해결할 수 있도록 하는 것이다.

하지만 바로 이 부분에서 많은 부모가 어려움을 겪는다. 혼란스러워하는 부분이기도 하다.

아이에게 자율성을 주라는 게 어떤 의미인지, 어느 정도의 자유를 줘야 하는지, 아이가 원하는 거라면 뭐든 하도록 놔둬도 괜찮다는 건지 말이다.

+ 자기결정성을 바탕으로 하는 자율 +

에드워드 데시와 리처드 라이언이 1975년에 수립한 '자기결정성 이론(Self-Determinism Theory)'에 대해 얘기하지 않을 수 없다. 인간은 누구나 자신을 발전시켜 나가길 원하는 본능이 있다. 그리고 실현시키기 위한 자율성의 욕구, 유능성의 욕구, 관계성의 욕구를 가지고 있다.

자율성은 가치 있다고 믿는 것에 스스로 목표를 설정하고 결정하는 걸 의미한다. 외부의 통제 없이 스스로 결정하고 행동하는 것이다. 유능성은 자신의 능력을 충분히 발휘해 성공적으로 수행하고자 하는 것이다. 관계성은 사회 속에서 타인과 연결되어 의미 있고 긍정적인 관계를 맺고자 하는 것이다. 자기결정성은 이 세 가지의 욕구를 충족시키며 발달한다.

자기결정성이 발달하면 자연스레 스스로를 발전시키는 방향으로 결정하고 곧 행동으로 옮긴다. 내적 동기가 발휘되는 것이다. 아이의 자기결정성은 기질적으로 타고나는 경우도 있지만, 부모의 교육 방식에 따라 형성되거나 발전하는 경우가 대부분이다. 그러니 자율성을 바탕으로 자기결정성을 발달시킨다면 아이가 스스로 하도록 할 수 있다.

아이가 하고 싶은 대로 놔두고 뭐든 해도 된다고 허용하는 건, 반은 맞고 반은 틀리다. 아이가 매일 라면만 먹고 싶어 하면, 그렇게 해줘야 할까? 아니다. 영양 상태와 건강에 좋지 않다.

그러니 자율성은 자기결정성을 바탕으로 하는 자율이어야만 한다. 본능적인 충동이나 욕구를 무한대로 자유롭게 해주는 게 아니다. 아이의 성장을 위한 최소한의 테두리로서 좋은 규칙이 필요한 이유다.

+ 말썽쟁이 7남매에게 딱 맞는 맥피의 규칙 +

영화 〈내니 맥피〉에서 세드릭 브라운은 아내를 일찍 떠나보내고 7남매를 홀로 키우고 있다. 일도 하면서 젖먹이 아기까지 있는 7남매를 키우는 건 쉽지 않다. 그래서 유모를 고용해 아이들과 잘 지내보려 하지만, 7남매는 이미 열일곱 명의 유모를 쫓아낸 경험이 있는 동네에서도 소문난 말썽쟁이들이다.

내니 맥피: 우리 유모는 마법사
Nanny McPhee, 2005

감독: 커크 존스
출연: 엠마 톰슨, 콜린 퍼스, 토마스 생
　　스터, 켈리 맥도널드 외

　유모를 쫓아내는 방법과 계획이 매우 치밀한 걸로 봐서 아이들
은 굉장히 똑똑하다. 또 사이도 매우 돈독해 도무지 통제가 되지
않는다. 매일같이 아빠, 가정부, 주방장을 골탕 먹이며 모든 걸 마
음대로 하려 한다. 규칙 따윈 없다.

　하지만 열여덟 번째 유모인 내니 맥피가 들어오며 모든 게 달라
진다. 맥피에겐 딱 다섯 가지의 규칙만 있다. 규칙이 없는 상태인
아이들은 처음엔 당연히 거부 반응을 일으키지만, 맥피의 교육으
로 점차 변한다. 기존의 유모들도 아이들에게 규칙을 제시하거나
교육하려고 했을 텐데, 그들에겐 없고 맥피에게 있는 남다른 면
은 무엇일까?

　〈내니 맥피〉는 영국 소설가 크리스티아나 브랜드의 1964년

작 『간호사 마틸다』를 원작으로 한다. 그녀는 이후 1967년과 1974년에 후속작 『도시에 간 간호사 마틸다』 『병원에 간 간호사 마틸다』를 출간했다. 영화도 그에 발맞춰 3부작으로 계획되었지만, 2편의 흥행 수익이 너무 낮아 3편을 진행할 수 없었다.

영화는 영국이 낳은 대배우 엠마 톰슨이 내니 맥피를 맡고 콜린 퍼스가 세드릭 브라운을 맡아 격을 한껏 높였으나, 어린이 대상의 코미디 판타지 영화라는 장르적 한계로 큰 화제를 뿌리진 못했다. 그럼에도 〈마틸다〉 〈메리 포핀스〉 등과 함께 꾸준히 회자되고 있다. 주인공 내니 맥피의 카리스마 원천인 다섯 가지 교육 방침 혹은 규칙이 각광받는 것 같다.

✦ 규칙을 따르고 스스로 생각하며 행동한다는 것 ✦

영화에 등장하는 어른 세 명이 보여주는 행동과 규칙을 비교해 보면 좋을 것이다.

우선 말썽쟁이 7남매의 아빠 세드릭. 그는 아이들을 무척 사랑한다. 아이들도 안다. 하지만 세드릭은 엄마를 잃은 아이들을 향한 동정과 죄책감으로 전혀 통제하지 못한다. 물론 규칙도 없다.

아이들은 유모 맥피를 골탕 먹이고자 아픈 척 연기하며 침대에서 좀처럼 일어나려 하지 않는다. 그 말을 들은 세드릭은 맥피에게 아이들이 좋아하는 젤리나 아이스크림 같은 걸 주라고 한다. 아이들의 장난과 무례함에 유모 열일곱 명이 그만뒀음에도 아이들에게 규칙을 제시하거나 통제하려고 하지 않는다.

세드릭의 문제는 태도에 일관성이나 합리성이 없다는 것이다. 물론 그도 아이들을 혼낸다. 하지만 기분이나 상황에 맞춰 그때그때 혼을 내기에 짜증이나 화를 내는 것처럼 보인다. 그러니 당연히 아이들도 반항심이 생기거나 부당하다고 느껴 딱히 귀 기울여 듣지 않았던 것이다.

다음으로 7남매의 새엄마가 되고 싶어 하는 퀴클리 부인. 그녀는 세드릭의 재산을 보고 그들에게 접근했기 때문에 아이들을 향한 애정이 전혀 없다.

세드릭이 보고 있을 때는 아이들에게 상냥하지만, 보고 있지 않을 때는 아이들을 엄격하게 통제한다. 무조건 얌전히, 조용히 있으라고만 한다. 시끄럽게 굴면 젖먹이 막내의 딸랑이까지 부숴버린다. 애정이나 관심은 없으면서 강압적인 통제와 일방적인 규칙만 강요하는 것이다.

마지막으로 유모 맥피. 그녀는 기본 예의 지키기, 자신의 생각 말하기, 남의 이야기 들어주기 등의 다섯 가지 규칙을 가지고 있다. 그녀는 거부하고 반항하는 아이들에게 절대로 꺾이지 않는다. 규칙들을 일방적으로 제시하는 게 아니라 왜 필요한지 일깨워주고 함께 얘기하기 때문이다.

아이들은 맥피의 말을 잘 듣지만 통제가 없다. 통제할 필요 없이 아이들이 스스로 생각하고 결정하고 행동하게 하는 것이다.

맥피는 기본적으로 아이들을 향한 애정과 관심을 갖고 있다. 모든 아이의 이름과 특성을 잘 알고 있는 건 기본이다. 최소한의 규칙 외에는 아이들이 스스로 행동하도록 지켜보는 편이다. 물론 대화도 빼놓지 않는다. 아이들 각각의 장점을 일깨워주고 스스로 능력을 발휘할 수 있도록 했다.

아이들이 규칙을 따르고 스스로 생각하며 행동할 수 있다는 걸 배워갈 때 맥피는 그저 아이들 곁에서 지켜볼 뿐이다. 다만 아이들이 자신의 생각을 말하며 의견을 묻거나 도움을 청할 때, 작은 도움을 주거나 보다 더 깊이 혹은 다른 방식으로도 생각할 수 있도록 조력한다. 아이들은 스스로 행동한 일에 책임지는 법도 배운다. 자기결정성이 발달하는 과정이다.

세드릭은 모든 걸 허용하는 게 사랑이라고 믿었던 환상을 버리고 7남매는 자신들의 행동에 경계를 알고 난 후, 자기결정성을 길러 나가는 원동력을 얻은 것 같다.

말썽쟁이 7남매는 바뀐 게 아니다. 그들은 스스로를 긍정적인 쪽으로 발전하려는 욕구와 가능성을 이미 가지고 있었다. 최소한의 울타리를 만들어놓았다면, 아이를 믿어보시라.

[좋은 규칙 만들기]

① 규칙은 부모와 아이가 함께 만든다

+ 규칙이 어떤 이유로 필요한지 부모와 아이 모두 납득할 수 있도록 함께 상의해 정한다. 일방적인 규칙은 아이가 필요성을 느끼지 못해 규칙을 어기게 만들 수 있다.

② 규칙은 아이의 특성과 수준을 고려해 정한다

+ 아이와의 의견 차이가 심할수록, 아이가 수용할 수 있는 수준으로 낮게 설정한 후 규칙을 잘 따르면 좀 더 높은 수준으로 수정해 나간다. 아이가 성장할수록 그에 맞게 수정한다.

③ 규칙은 긍정문으로 만든다

+ 긍정문의 규칙은 바람직한 행동을 규정한다. '~하면 안 된다' 같은 부정문으로 기술하면, 하지 말아야 할 행동을 확인할 뿐 바람직한 행동으로 이어지지 않는다.

④ 규칙은 분명하고 명확해야 한다

+ 무엇을 지켜야 하는지 명확히 알고, 무엇이 지켜지지 않았는지 확인할 수
  있도록 분명하게 정한다. 예를 들어 불분명하고 불명확한 '일찍 자기' 대
  신 '아홉 시가 되면 불 끄고 침대에 눕기' 같은 규칙이 좋다.

⑤ 규칙은 일관성 있게 지켜져야 한다

+ 아이가 여럿인 경우, 규칙은 일관성 있게 적용해야 한다. 결과에 따른 보
  상을 약속했다면, 역시 일관성 있게 적용해야 한다.

⑥ 규칙에도 예외가 있다는 걸 인정한다

+ 규칙은 지켜져야 하지만 타당한 이유에 따른 예외가 있다는 걸 알게 한
  다. 어떤 경우라도 규칙을 반드시 무조건 지켜야 한다고 강조하면 강박적
  인 성향이 될 수 있다.

발표가 어려운 아이를 위한 맞춤 처방전

말 없고 조용한 걸 미덕으로 삼았던 때가 있다. 요즘에는 생각을 표현하고 타인과 나누는 게 중요한 만큼, 교육 과정에서도 발표와 토론의 중요성이 강조되고 있다. 그래서일까. 요즘 아이들은 자신을 표현하고 의견을 주장하고 말함에 있어 적극적이며 자유롭다.

그만큼 발표력이 더 중요해졌다. 발표력이란 타인에게 자신의 주장이나 생각을 효과적으로 전달하는 능력이다. 발표를 잘한다는 건 전달하고자 하는 말의 내용이 조리 있고, 말을 전달하는 태도와 목소리가 안정되어 주의를 집중시키며, 하고자 하는 말을 효과적으로 전달할 수 있는 것이다.

발표를 유독 두려워하면 '발표불안'을 의심해볼 수 있다. 발표를 해야 하는 상황에서 과도하게 긴장하거나 심한 경우 공포를 느낄 수 있다.

발표를 어려워하는 건 큰 문제가 되지 않지만, 현 교육 과정 그리고 사회 전반에서 자신의 생각을 말하고 전달하는 게 중요해진 만큼 일정 수준 이상의 발표력을 갖추는 게 필요하다.

특히 학교에서 발표를 잘하는 아이는 교사나 또래로부터 인정받으니 학업이나 또래 관계에서도 쉽게 자신감을 갖는다. 반면 공부를 잘해도 발표력이 부족한 경우 수업 시간에 주눅이 들거나 긴장해 낙담하고 정서적·사회적으로 위축되어 학습 의욕이 저하될 수도 있다.

만약 아이가 발표를 지나치게 어려워하거나 긴장·불안을 보이면 초기부터 도와주는 게 좋다. 그렇지 않으면 발표뿐만 아니라 일반적인 대화에서도 자신감을 잃을 수 있기 때문이다.

+ 발표를 두려워한 조지 6세 이야기 +

여기 발표불안을 극복한 한 인물이 있다. 영국 윈저 왕조 제3대 국왕 조지 6세. 영화 〈킹스 스피치〉는 내성적이고 대중 앞에서 말하는 걸 너무나도 힘들어했던 조지 6세의 실화를 다뤘다.

버티(조지 6세의 왕세자 시절 애칭)는 형 에드워드 8세가 세기의 스캔들을 일으키며 퇴위하자 본의 아니게 왕위에 오른다. 그 자

킹스 스피치
The King's Speech, 2011

감독: 톰 후퍼
출연: 콜린 퍼스, 제프리 러시, 헬레나
본햄 카터 외

신 누구보다 나라를 걱정했고 아버지 조지 5세 역시 그의 성품과
자질을 인정했음에도, 그는 왕이 되는 걸 두려워했다. 왕의 주요
업무인 사람들 앞에서 말하는 게 너무나 힘들었기 때문이다.

영화는 조지 6세가 학위도 없고 전문가라고도 할 수 없는 언어
치료사 라이오넬 로그를 만나 달라지는 모습을 담았다. 다른 사
람들 앞에선 물론 마이크 앞에서조차 입이 떨어지지 않아 하고
싶은 말을 할 수 없었던 조지 6세는 라이오넬의 특별한 코칭으로
제2차 세계대전 시기 국민 통합의 연설을 해낼 수 있었다. 조지
6세는 어떻게 발표불안을 극복할 수 있었을까.

〈킹스 스피치〉는 라이오넬 로그의 손자인 마크 로그가 쓴 동명
의 책을 원작으로 톰 후퍼 감독이 콜린 퍼스, 제프리 러시, 헬레나

본햄 카터, 가이 피어스 등 기라성 같은 대배우들과 함께 작업한 결과물이다.

톰 후퍼는 이 영화 이후 〈레미제라블〉 〈대니쉬 걸〉 등으로도 평단의 폭넓은 지지를 받았다. 물론 〈킹스 스피치〉가 평단과 관객의 극찬을 받으며 당대 최고의 영화로 우뚝 섰기에 뒤이어 나온 영화들이 묻힌 감이 있다.

대배우들의 명연기, 시대상까지 재현한 미장센, 더할 나위 없이 정교한 영상미 등 영화적인 요소가 이 영화를 명작으로 만들었지만, 조지 6세와 라이오넬 로그 사이의 감동 어린 치료 이야기야말로 이 영화의 핵심이다.

내성적인 기질에 엄격하고 강압적인 분위기의 집안에서 자라 남들 앞에서 말하는 것에 공포를 느끼게 된 조지 6세, 라이오넬 로그는 그의 외적 형상을 치료하는 한편 내적 본질에 파고들어 어린 시절을 어루만진다.

발표를 어려워하는 원인의 대부분은 자신감 부족이다. 자신감이 부족한 이유는 여러 가지다. 기질적인 성향이 내성적인 경우, 발표에 좋지 않은 기억이 있는 경우, 완벽주의 성향이 있는 경우 등. 물론 복합적으로 나타날 수도 있다. 〈킹스 스피치〉의 버티처럼 말이다.

버티는 기질적으로 내성적인데다, 어린 시절 유모로부터 형과 차별 대우를 받은 경험과 말을 잘 못한다고 놀림 받은 기억으로 자신감이 결여된 상태다.

게다가 아버지 조지 5세는 엄격하기로 유명했다. 영화를 보면, 버티를 마이크 앞에 세워둔 채 어서 빨리 말하라고 강요하고 첫 마디에서 실수하자 한숨을 쉬며 대놓고 실망한다.

반면 자신감도 있고 말도 잘하는 것 같은데 유독 발표를 어려워하는 경우도 있다. 집에서나 친구들하곤 말을 잘하는데, 수업 시간에 선생님 질문에 답하거나 발표를 해야 할 때면 어려워한다. 발표력이 부족한 경우인데, 무슨 내용으로 발표를 해야 할지 모르거나 정리해 말하기가 어려운 것이다.

발표라는 특수한 상황과 일반적인 말하기 상황은 다르다. 발표는 생각을 정리해 말하는 것이고, 대개 다수에게 의사를 표현해야 한다. 그렇기에 말투나 목소리, 표현 방식에서도 정교한 기술을 필요로 한다.

타인 앞에서 말하는 건 누구나 긴장되는 일이다. 말을 잘하지 못하거나 실수할까 봐, 혹은 비웃음을 살까 봐 걱정되기도 한다. 지극히 자연스러운 현상이다.

하지만 아이가 유독 발표를 불편해한다면 〈킹스 스피치〉 속 라이오넬의 비법에서 해결책을 찾아볼 수 있다.

첫째, 아이가 발표를 어려워하는 이유를 알아야 한다. 라이오넬이 버티를 만나 가장 먼저 한 일이 '왜, 언제부터 말하기가 어려웠는지'를 묻는 것이었다. 왕세자인 버티는 무례하다며, 그런 게 왜 중요하냐며, 말 잘하는 방법이나 알려달라고 했지만 라이오넬은 이유를 아는 게 무엇보다 중요하다고 맞받아친다.

발표를 두려워하는 아이가 고민일 때는 우선 아이의 마음을 살펴봐야 한다. 아이가 발표를 어려워하는 게 성향의 차이인지, 발표에 두려움을 느낄 만한 일 때문인지 등을 알기 위해서다. 부모와의 대화만으로도 아이는 발표에서 어떤 점이 불편한지 스스로 인지할 수 있다.

언젠가 친구들 앞에서 발표했을 때 실수해 창피했던 경험이 있다거나, 친구들이 놀리거나 웃을까 봐 막연한 두려움을 갖고 있기도 할 것이다. 이런 경우 발표하는 상황을 함께 이야기해보는 게 좋다.

"친구가 발표할 때 잘하지 못하는 것 같으면 너는 어떤 기분이 들어? 그 친구를 놀릴 거야?" 하면 아이는 아니라고 할 것이다. "네가 발표를 잘하지 못한 것 같다고 느꼈을 때 친구들이 가끔 웃기도 하잖아. 그건 놀리는 거 아니지?" 하며 일반적인 상황을 설명해주고 두려움을 극복하도록 도와준다. 누구에게나 발표가 쉽지 않은 일이라는 걸 말해주는 것도 큰 도움이 된다.

둘째, 발표 연습을 해보자. 라이오넬은 버티가 연설해야 하는 상황에서 당황하지 않도록 미리 말하는 연습을 해야 한다고 강조한다. 발표 연습은 물론 일반적으로 말하는 상황을 만들어주는 것도 포함된다.

발표를 어려워하는 건 무슨 말을 해야 할지 모르는 경우가 많다. 생각을 정리해 말하는 게 익숙하지 않기 때문이다. 그럴 땐 연습으로 충분히 훈련할 수 있다.

우선 가정에서 대화 기회를 많이 만들어주는 게 좋다. 저녁 시간에 오늘 하루 뭘 했고 어떤 기분을 느꼈는지 등을 함께 얘기해보는 것도 도움이 된다. 아이만 말하게 시키지 말고 온 가족이 함께해야 한다. 발표력을 높이는 데는 말하는 연습도 중요하지만 듣는 연습도 중요하다. 의견이나 생각을 표현하는 대화를 많이 하게끔 가족회의를 여는 것도 좋은 방법이다.

셋째, 성향의 차이를 인정하자. 〈킹스 스피치〉를 보면, 대중 앞에서 말하기를 어려워하는 버티를 대신해 그의 부인이 라이오넬을 찾는다.

버티의 부인은 남편의 왕세자 신분을 밝히지 않고 남편이 직업상 연설할 일이 많은데 말하는 걸 어려워하니 도와달라고 한다. 그러자 라이오넬은 직업을 바꿔야 한다고 답한다. 성향의 차이를 인정하라는 말이었다.

아이가 내성적인 성향 때문에 발표를 어려워하면, 단순히 표현 방식이 다른 것일 뿐이니 표현 연습을 하면 도움이 된다. 내성적인 아이는 머릿속으로는 답을 알고 있지만 말로 표현하는 게 어려운 경우가 많다. 선생님 또는 다수의 친구 앞에서 말을 해야 하는 상황이나 갑자기 발표를 할 때 상황 자체에서 오는 불편감으로 말하기가 어려워지기도 한다.

이런 성향의 아이에겐 발표 준비 시간을 주는 게 좋다. 집에서 함께 발표할 내용을 글로 작성해본다. 내성적인 아이는 말보다 글로 표현할 때 보다 정확하고 훌륭하게 표현할 수 있을 것이다. 발표 내용을 미리 글로 작성한 후 발표하면 당황스러운 상황에서 부담을 훨씬 덜 느낄 수 있다.

발표는 자신의 생각을 정리해 전달하는 것이다. 유창하게 발표하면 좋겠지만 그게 전부는 아니다. 발표의 목적은 생각하는 바를 얼마나 잘 전달하는가에 있다. 유창하게 말하기에 앞서 평소 생각과 의견을 정리해 말할 수 있는 기회를 충분히 주고 연습하는 게 중요하다.

부모는 아이를 자신감 있게 키우고 싶어 한다. 그래서 아이의 자신감 없는 모습을 마주할 때 더 크게 실망하는 것 같다. 하지만 부모의 실망은 아이의 자신감에 좋지 않다. 아이가 스스로 긍정적으로 인식하길 원한다면 부모부터 아이를 긍정적으로 봐야 한다.

[아이의 발표력을 높이는 가족회의]

① 정기 가족회의 시간 정하기

+ 정기적으로 진행할 수 있는 고정된 요일이나 시간을 정한다. 회의 시간은
  한 시간을 넘지 않도록 한다.

② 평등과 존중이 기본

+ 존댓말을 기본으로 하고, 발언 시간과 기회를 공평하게 분배한다. 진행,
  기록, 시간 안내, 공간 준비 등으로 역할을 나누는 것도 좋은 방법이다.

③ 안건 미리 정하기

+ 건의 사항이나 의견을 나누고 싶은 주제로 안건을 정한다. 각자 한 주간
  의 이야기를 나누는 것부터 시작해도 좋다. 미리 발언을 생각하고 준비할
  수 있도록 한다.

④ 맛있는 간식 준비하기

+ 음식을 먹기 위해 입을 열면, 말하는 입도 열린다. 가족회의 시간을 기대
  하도록 맛있는 간식을 준비하는 게 좋다.

시험만 보면 불안해지는
아이에게 건네는 말

영화 〈오목소녀〉는 〈반드시 크게 들을 것〉 〈걷기왕〉으로 이름을
알린 백승화 감독의 2018년작이다. 마이너하지만 위태로워 보이
진 않은 청춘들의 소확행을 명랑하고 경쾌하게 들여다봤다.

　좌절을 딛고 수련을 거쳐 다시금 승리로 나아가는 여느 스포츠
영화와 다를 바 없는 스토리 라인이지만, 이기고 지는 것을 유념하
지 않아 하는 것 같다.

　돌잡이에서도 바둑돌을 잡은 이바둑은 어릴 적부터 바둑 신동
으로 승승장구했다. 그런데 어느 대회에서 처음으로 질 것 같은
불안감을 느끼고 어디에도 돌을 둘 수 없어서 지고 말았다.

　그때부터였을까, 더 이상 바둑을 둘 수 없었다. 대회만 나가면
돌을 어디에도 놓을 수 없었다. 대회 자체가 무서워졌다. 결국 이

오목소녀 Omok Girl, 2018

감독: 백승화
출연: 박세완, 안우연, 김정영 외

바둑은 바둑 기사의 꿈을 접고 말았다.

그래도 그녀는 여전히 바둑을 좋아한다. 바둑 신동이라며 너스레를 떨기도 하고 친구와 두는 바둑에서 승부욕도 보인다. 하지만 대회가 문제다. 너무나 긴장되고 부담되는 상황에서 질까 봐두려워 돌을 어디에도 둘 수 없는 마음이 문제였다.

시험을 앞둔 아이의 마음도 이와 같을 것이다. 평소에는 잘하다가도 시험만 보면 너무 긴장한 나머지 문제를 잘 풀지 못하거나, 시험 때만 되면 불안을 심하게 호소하기도 한다. 두 모습이 함께 나타나기도 한다. 바로 '시험불안' 때문이다.

시험 때만 되면 평소보다 훨씬 더 불안을 느끼는 걸 시험불안이라고 한다. 시험 때면 누구나 긴장되고 불안하다. 아이가 불안을 스스로 조절할 수 있고 긴장감으로 공부의 효율이 오히려 높아진다면, 불안은 도움이 될 수 있다. 하지만 불안이 너무 커져 생활이나 공부에 방해가 되면, 과도한 불안이다.

✛ 시험불안이 나타나는 이유 ✛

시험불안과 성적의 상관관계에 관한 연구들을 살펴보면, 재밌는 점을 발견할 수 있다. 불안이 올라가면 성적도 올라간다. 하지만 불안이 일정 수준을 넘어가면 성적이 떨어진다.

적절한 불안은 적정한 긴장과 각성을 유도해 스스로 시험 준비를 하게 해 학업 능력을 높이지만, 일정 수준 이상의 불안은 학업 능력을 떨어뜨린다.

시험불안은 신체나 심리적 증상으로 나타나기도 한다. 복통이나 두통, 현기증, 불면증이나 과다 수면, 식욕 저하 등으로 나타나거나 손톱 물어뜯기, 과도한 머리 만지기, 화장실 자주 가기 등의 강박적인 행동으로 나타나기도 하며, 불필요한 걱정 때문에 집중하지 못하는 형태 등으로 나타날 수 있다.

시험불안이 시험공부를 제대로 하지 않아 일어나는 게 아니냐는 오해를 받기도 하는데, 전혀 그렇지 않다. 시험불안은 공부를 잘하는 아이건 그렇지 않은 아이건 상관없이 나타날 수 있다.

오히려 공부를 잘하는 아이에게 더 많이 나타나기도 한다. 완벽해지려고 노력할수록, 시험을 잘 보려고 열심히 공부할수록 불안은 더 깊게 나타난다.

바둑 신동으로 승승장구하던 이바둑이 대회에서 돌을 놓지 못하게 된 것도 이와 같다. 시험불안은 시험을 반드시 잘 봐야겠다는 마음에서 생겨나기 때문이다.

'시험을 못 보면 어떡하지?' 하는 걱정과 불안은 공부에 집중할 수 없게 하고, 노력에 비해 실력을 발휘할 수 없게 한다. 다시 불안을 증폭시키는 악순환으로 나아가기도 한다. 또한 시험불안은 시험이 끝났다고 없어지는 게 아니라 또 다른 시험이 다가오거나 시험을 생각하기만 해도 다시 나타나기에 고치는 게 쉽지 않다. 불안감을 잘 다스려야 하는 이유다.

시험불안은 왜 생기는 걸까. 기질적으로 긴장이나 불안이 많은 경우 나타날 수 있지만, 성취 압박이나 부담감 등으로 결과에 대한 불안이 높아 나타나는 경우가 많다.

시험불안은 어느 날 갑자기 생기는 게 아니다. 크고 작은 시험을 겪을 때마다 조금씩 쌓인 불안이 불어나는 것이다. 그간 겪은 크고 작은 시험에서 부모의 너무 높은 기대나 실망 등이 자신감을 조금씩 떨어뜨려 불안으로 나타날 수 있다.

+ 아이의 시험불안을 줄이는 법 +

이바둑은 우연히 오목 대회에 참가한다. 동네 공원에서 하는 작은 대회였다. 오목이 바둑보다야 훨씬 단순하니 쉽게 생각하고 부담 없이 대회에 출전하지만, 식은땀이 나고 앞이 흐려지며 돌을 놓지 못해 1차전에서 탈락하고 만다. 그날 밤엔 바둑돌에 짓눌리는 꿈까지 꿨다. 전형적인 시험불안 증세들이다.

상금 때문에 전국 오목 대회에 출전하기로 결심한 이바둑은 오목 트레이너 쌍삼을 찾아간다. 바둑 신동으로 기초가 탄탄한 그녀였으니, 단순히 실력만의 문제는 아니었을 것이다. 쌍삼은 이바둑에게 무엇을 가르쳤을까. 쌍삼의 훈련법에서 아이의 시험불안을 줄이는 방법을 알아보자.

첫 번째, 불안에 직면하는 것이다. 이바둑이 쌍삼을 찾아갔을 때, 쌍삼은 이바둑이 자신의 불안에 직면하도록 했다. 이바둑은 지는 게 무서워, 대회만 나가면 앞이 깜깜해지며 식은땀 나는 자신을 인정하거나 내보인 적이 없다. 그저 불안만 느끼고 있을 뿐이었다.

그런 이바둑이 자신의 불안과 직면하고 '실수하면 안 된다는 생각에 딴생각이 나면서 아무것도 할 수 없게 된다.'라는 걸 인정하면서부터 변화가 시작된다.

불안에 직면하는 게 왜 중요할까? 불안은 직면하기만 해도 줄

어든다. 감정을 다스리는 데 있어 첫 번째로 할 일은 감정과 대면하고 정확히 아는 것이다.

아이가 지금 무엇 때문에 불안한지 함께 얘기하는 게 필요하다. 공부를 못해 혼날까 봐 불안해할 수도 있고, 시험을 못 봐 창피할 수도 있다. 무조건 불안감을 억누르고 불안하지 않다며 긴장을 숨기면 오히려 더 불안해진다. 아이가 느끼는 불안감을 스스로 말하게 함으로써 불안감을 덜어낼 수 있는 것이다.

물론 이때 부모는 아이가 신뢰할 수 있고 긍정적인 대상이어야 한다. 아이가 불안하다고 말할 때, "시험은 원래 그런 거야." "너만 그런 거 아니야."라고 무마하거나 외면하지 않아야 한다.

언제든 내 불안에 도움을 줄 수 있는 사람이 있다고 생각하도록 하는 게 우선이다. 잠깐이나마 시험불안과 걱정을 내려놓을 수 있도록 휴식하게 한다. 만약 불안을 크게 호소하거나 신체적인 증상이 두드러지게 나타나면 전문가의 도움을 받는 게 좋다.

더불어, 아이의 불안이 높다면 부모의 불안도 함께 들여다보는 게 좋다. 부모가 불안해하면 아이도 불안을 느끼기 때문이다.

아이의 시험 결과에 부모가 먼저 불안해하며 조바심 내진 않았는지, 무의식중에라도 성취나 결과를 강요해 심리적인 압박을 주진 않았는지, 아이의 성취나 결과에 부끄러워하진 않았는지 살펴봐야 하는 것이다. 그런 경우 부모도 불안을 조절하며 행동을 바꿔야 한다.

두 번째, 시험을 미리 연습해보고 긴장을 완화할 수 있는 방법을 찾아본다. 쌍삼은 이바둑에게 컴퓨터와의 오목대전을 시키는가 하면 한 번에 여러 사람과 오목을 두는 훈련을 시킨다. 압박감을 미리 연습하는 것이다. 이길 때도 질 때도 있지만, 연습을 계속하다 보니 지는 것에 대한 막연한 두려움이 줄어들었다. 돌을 어디에 어떻게 놓을 것인지 생각해볼 수 있게 되었다.

그들이 생각한 최악의 상황은 쌍삼의 전 제자이자 오목판에서 가장 어려운 상대인 김안경과 대결하는 것이었다. 눈앞이 깜깜해지고 돌을 어디에 둘지 모르게 되는 상황도 예상했다. 어떻게 하면 상대를 흔들어 놓을지도 고민했다.

결과는 어땠을까. 여러 상황을 예상했기에 이바둑은 김안경과의 힘겨운 대전 끝에 승리를 거둘 수 있었다. 불안한 마음이 들긴 했지만, 예상했던 대로 연습했던 대로 하자 불안이 줄어들었다.

실전처럼 시간을 정해놓고 연습하는 것도 좋지만, 시험 상황을 미리 생각해보는 것 자체로도 큰 도움이 된다. 무사히 시험지를 받아 치르는 긍정적인 시나리오와 함께 최악의 경우도 생각해보는 것이다.

시험 준비 중이라면, '공부한 대로만 하면 문제없을 거야.' '충분히 준비했으니 괜찮을 거야.' 등으로 긍정적인 시나리오로 시험을 잘 마치는 걸 시뮬레이션해야 한다.

최악의 상황도 마찬가지다. 시험을 보다가 갑자기 불안해져 눈앞이 캄캄해질 수도 있다. 이런 상황에서 아이 스스로 긴장감을 덜어낼 수 있도록 진정의 말들을 연습한다.

'심호흡을 두 번 크게 하고, 다시 천천히 생각해보자.'라든지 평소에 어떻게 하면 긴장이 풀리는지 알아보고 자신만의 긴장 완화법을 갖는다. 일상에서도 반복해 긴장 푸는 연습을 하는 게 좋다.

아이는 살아가면서 수많은 시험을 치를 것이다. 학교에서만 하더라도 중간고사, 기말고사뿐만 아니라 크고 작은 시험들이 가득하다. 시험은 아이를 스트레스 받게 하거나 괴롭히려는 도구가 아니다. 시험은 배운 것 중 어떤 걸 알고 어떤 걸 모르는지 확인하는 절차일 뿐이다.

알았다면 확실하게 알았으니 다행이고, 몰랐다면 무엇을 모르는지 놓치지 않고 알 기회가 되었으니 다행이다. 준비는 철저하게 하되, 시험 한 번으로 모든 게 끝나지 않으며 앞으로 얼마든지 기회가 있다는 걸 일러줘 단단하고 대범한 마음을 갖도록 격려해야 하겠다.

> 이번에는 졌지만, 우리는 끝나지 않는다. 사람들은 말한다. 인생은 거대하고 복잡한 바둑과 같다고. 하지만 어쩌면 인생은 그런 바둑 한 판보다는 오목처럼 사소하고 별거 아닌 것들이 쌓이고 쌓여서 만들어지는 것은 아닐까?
>
> -〈바둑소녀〉 중-

2부

아이 스스로
공부하고 싶게 하려면

어렵고 힘든 공부,
대체 왜 해야 할까

아이가 공부라는 걸 처음 했을 때부터, 부모는 아이에게 공부를 어떻게 시킬지 막연한 두려움을 가지고 있다. 이 두려움은 부모 자신이 공부를 처음 했을 때부터 시작되었다. 공부라는 게 어렵고 힘들다는 걸 잘 알고 있기 때문일 것이다. 그러다 아이가 부모에게 공부가 힘들고 어렵다고 말하는 순간, 부모의 두려움은 현실이 된다.

공부는 왜 어렵고 힘들까. 이 질문에 답하기에 앞서, 대체 공부라는 게 무엇인지 알아야 한다. 두려움에 맞서려면 상대를 정확히 알아야 한다.

'공부'라는 단어는 정말 많이 사용하는데 정확한 뜻을 물어보면 주저하는 경우가 많다. 또 '교육'이라는 단어와도 혼용되어 사용하곤 한다. 하지만 공부와 교육은 완전히 다른 개념이다.

우선 공부란 기술이나 학문을 배우고 익히는 것이다. 반면 교육은 기술이나 학문을 가르치며 인격을 길러주는 것이다. 즉 공부는 새로운 지식이나 기술을 자신의 것으로 만드는 것이고, 교육은 새로운 지식이나 기술을 전하는 것이다. 그러니 공부는 아이 스스로 하는 것이고, 교육은 부모가 아이에게 하는 것이다.

배우고 이해하고 자신의 것으로 만드는 과정, 즉 공부는 누군가가 대신해줄 수 없다. 하지만 아이를 교육하는 과정에서 반드시 있어야 하는 게 바로 공부다.

결국 공부는 교육 수단이자 필수 과정이다. 공부가 왜 힘들고 어려운지를 알려면 먼저 교육이 왜 어려운지 알아야 한다.

+ 사람을 성장시키는 것 +

영화 〈해리 포터와 마법사의 돌〉이 좋은 예다. 해리 포터는 어느 날 느닷없이 마법 학교 호그와트로부터 입학통지서를 받는다. 그때까지 해리는 머글(마법사가 마법사 아닌 사람을 이르는 말)들과 함께 당연하게 머글로 살아왔던 터라, 자신이 마법사라는 사실은 물론 마법의 '마' 자도 알지 못했다.

하지만 호그와트로 가는 열차를 타기 위해 런던 킹스 크로스역의 9와 3/4 승강장에 들어가는 순간부터 새로운 세상이 펼쳐진

해리 포터와 마법사의 돌
Harry Potter and
the Philosopher's Stone, 2001

감독: 크리스 콜럼버스
출연: 다니엘 래드클리프, 엠마 왓슨,
　　　루퍼트 그린트 외

다. 지금까지의 삶과는 모든 게 완전히 달라진 것이다.

　환경과 생활은 물론 문화와 행동 양식, 심지어 언어도 새롭다. 이 모든 걸 처음 접하는 해리는 당연히 어려움과 좌충우돌을 겪을 수밖에 없다. 마법사로서의 삶이 새롭게 시작되었으니 말이다.

　교육은 이와 같다. 한 사람을 사회의 일원으로 살아갈 수 있도록 만드는 일이다. 해리가 마법 세계에서 한 명의 마법사로 당당히 성장해 나가는 것처럼 말이다.

　아이가 태어나 언어를 배우고 사회에 적응하며 성장해 나가는 건, 해리가 마법 세계에 처음 발을 들이는 것보다 훨씬 더 충격적인 일일 것이다. 이렇게 한 사람을 온전히 성장시키는 게 바로 교육이다.

〈해리 포터와 마법사의 돌〉은 지난 세기말에 출간되어 이젠 현대 청소년 문학의 시조 격으로 칭송받는 소설 〈해리 포터〉 시리즈 첫 번째 이야기의 영화판이다.

〈해리 포터〉 시리즈는 소설로는 역사상 가장 많이 팔린 시리즈로 정평이 나 있고 영화로도 월드와이드 100억 달러 가까이 벌어들이며 2023년 현재 '마블 시네마틱 유니버스'와 '스타워즈'에 이은 3위에 올라 있다. 그야말로 더할 나위 없는 콘텐츠다.

그중 〈해리 포터와 마법사의 돌〉은 해리 포터의 호그와트 입학과 1학년 동안의 일을 다뤘기에 해리 포터가 마법 세계에 적응하는 내용이 전반부를 이룬다. 머글에서 한순간에 마법사가 되어 평생 살아온 머글 세계를 떠나 마법 세계로 가니, 혼란스럽고 두렵고 충격적이기까지 할 것이다. 해리 포터의 마법 세계 적응기야말로 이 작품의 백미다.

✛ 교육은 사람을 변화시키는 것 ✛

교육은 다양한 사람에 의해 정의되어 왔는데, 종합하면 대략 다음과 같다. 교육은 올바른 방향과 방법으로 인간의 행동을 지속적이고 계획적으로 변화시키는 일이다. 간단히 말하면, 교육은 사람을 변화시키는 일이다.

그렇다면 변화란 어떤 것인지 살펴보자.

우선 교육은 올바른 방향과 방법을 갖춰야 한다. 올바른 방향이란 우리가 속한 이 사회의 일원으로서 성장하기에 알맞은 방향을 의미한다.

교육의 사전적 의미에도 단순히 기술이나 학문을 가르치는 일이라고 정의되어 있지 않고 인격을 길러주는 일이라고 되어 있다. 올바른 방향으로 교육한다고 해도 방법이 비인간적이고 올바르지 않다면 제대로 된 교육이라고 할 수 없다.

또한 교육으로 사람이 변하는 건 일시적인 게 아니라 지속적이어야 한다. 성적을 잘 받기 위해 암기했다가 모두 잊어버리는 종류의 것이 아니다. 속성 자체가 변하는 것이다.

교육을 통해 아이는 사회의 일원으로 살아가는 삶과 자신의 역할을 알게 되며 자신이 누구인지 알게 된다. 인식이 변하고, 태도가 변하며, 행동이 변한다. 그리고 변화는 유지된다.

〈해리 포터와 마법사의 돌〉에서 호그와트의 숲지기 루비우스 해그리드가 해리 포터를 입학시키고자 찾아왔을 때, 해리는 자신을 '그냥 해리(Just Harry)'라고 소개한다. 해그리드가 "넌 마법사야."라고 해도 자신은 그냥 해리일 뿐이라고 답한다.

소심하고 자신감도 없다. 자신이 누구인지도 모르고 우정이나 사랑, 용기도 알지 못했다. 원작 소설에서도 해리는 자신은 용감하지도 똑똑하지도 않고 별다른 재능도 없는 것 같다고 하며, 소심한 사람들을 위한 기숙사가 있으면 거기에 배정되는 게 맞을 것 같다고 생각하기도 한다.

하지만 호그와트에 입학하면서 해리는 자신이 가진 재능을 알고 자신이 누구인지도 깨달으며 자신감과 용기를 발휘해 어엿한 마법사로 성장한다. 마법 세계의 일원이 된 것이다.

+ 공부는 사람이 변화하는 과정 +

변화시키는 게 교육이라면, 공부는 변화하는 과정 그 자체다. 변화는 마치 번데기에서 나비가 되는 것처럼 큰 에너지가 필요하다. 아주 사소한 행동이나 생각도 변화시키기 여간 어려운 게 아님을 우리는 모두 잘 알고 있다. 공부가 바로 이런 종류의 것이니 쉽지 않은 게 당연하다.

그런데 공부를 단순히 시험을 치르는 것이나 문제를 푸는 것에 국한하면 더욱 힘들어진다. 공부는 과정 자체가 의미 있는 것인데 결과에만 치중하게 되기 때문이다.

아이의 공부는 사회의 일원으로 필요한 지식과 기술들을 습득해 나가는 과정이다. 완성된 인간이 되기 위해서 말이다.

공부를 힘들어하거나 싫어하는 아이라면, 우선 인정하는 게 좋겠다. 공부는 어려운 게 맞다고 말이다. 일단 인정하고 수긍하면 공부의 의미와 필요성을 말해줄 필요가 있다. 거창할 필요도 없다. 이 공부가 지금 아이에게 왜 필요한지, 어떤 의미인지 얘기해주는 것이다. 더불어 부모부터 공부의 의미나 필요성을 왜곡해 받아들이고 있진 않았는지 돌아보자.

공부는 힘들고 어렵지만 아이는 공부를 해야 한다. 사회의 일원으로 필요한 기초 지식과 기술을 습득한다는 표면적인 이유 외에도 공부를 해야 할 이유들이 있다.

첫 번째로 공부는 뇌를 발달시킨다. 청소년기는 뇌의 발달이 어느 때보다 활발하게 일어나는 시기다. 학교 공부는 뇌 발달을 위한 체계적인 수단이다. 교과목이 다양한 것도 뇌를 고루 발달시키기 위한 것이다. 모든 아이가 모든 과목을 다 잘하긴 어렵지만 배우고 공부하는 자체로 의미가 있다.

두 번째는 삶의 태도를 배우기 위해서다. 공부하는 것 자체가 뇌를 발달시키는 것처럼 공부하는 행위 자체는 끈기와 인내심을 발달시킨다. 공부는 어렵고 힘들며 지루한 게 사실인데, 그런 공부를 대하는 태도를 기르는 것이다.

아이가 살아가며 마주할 어려움에 끝까지 참고 견디며 해내야 하는 종류의 것들이 있을 테다. 쉬운 일뿐만 아니라 마음처럼 잘되지 않거나 어려운 일도 만날 것이다. 그럴 때 당황하지 않도록 연습하는 것이기도 하다.

마지막으로 도전하고 성취하는 경험을 쌓아가는 연습을 하기 위해서다. 공부는 아는 걸 하는 게 아니라 모르는 걸 하는 것이다. 모르는 건 호기심을 불러일으키지만 동시에 두려움도 불러일으킨다. 공부는 미지의 세계에 대항해 정복하고 성취하는 행위다. 성적을 잘 받거나 그렇지 못하거나 상관없이, 공부로 알게 되는 과정은 누구에게나 공평하다. 이 과정에서 아이는 자신의 믿음에 대한 확신과 무엇이든 할 수 있다는 자신감을 얻는다.

그러니 아이가 열심히 공부했는데도 성적이 좋지 않을 때, 부모만이라도 결과보다 노력과 과정, 획득한 지식 등에 관심을 갖고 칭찬해야 한다.

공부로 성취하는 경험은 누구에게나 공평하지만, 공부한 만큼 성적이 나오지 않는 상황이 계속되면 자신감을 잃기 쉽다. 지금 성적이 다소 낮더라도 도전하고 성취하는 경험이 계속 쌓이는 아이는 결국 성공할 수밖에 없다.

스스로 공부하는 아이는
어떻게 자라는가

영화 〈트루 스피릿〉은 홀로 무동력 요트 세계 일주에 성공한 제시카 왓슨의 항해일기를 그렸다. 그녀가 요트 세계 일주에 성공한 나이는 겨우 16세, 당당히 전 세계 최연소였다.

제시카는 유년 시절에 항해사의 꿈을 꾸면서 이미 무동력 요트로 세계 일주에 성공하겠다는 목표가 있었다. 제시카의 부모는 이 황당한 목표를 듣곤 누구나 어릴 적에 갖는 꿈이겠거니 하고 대수롭지 않게 생각하며 격려했다. 하지만 그녀의 목표는 뚜렷했고 결국 16살 나이에 세계 일주를 시작한다.

그녀의 세계 일주 도전을 두고 언론은 비판하고 정부는 우려가 앞선다. 베테랑 선원도 하기 힘든 요트 세계 일주를 16살 소녀가 혼자 하겠다고 하니 말이다.

트루 스피릿 True Spirit, 2023

감독: 사라 스필레인
출연: 티건 크로프트, 클리프 커티스,
애나 패퀸, 조쉬 로슨 외

  사람들은 "제시카는 너무 어려 이 도전이 얼마나 위험하고 무모한지 판단할 수 없다."라고 했다. 그런가 하면 제시카의 무모한 도전을 찬성한 부모에겐 "자신들의 꿈을 아이에게 투영시켜 위험으로 내모는 무책임한 부모"라고도 했다. 제시카의 성공을 아무도 믿지 않았던 것이다.

  한 번뿐인 시범 항해에서 거대한 화물선에 치이는 사고가 나니, 비난의 바람은 더욱 거세졌다. 그럼에도 제시카는 목표를 이루고자 2주간 철저하게 정비한 후 다시 바다로 나갔다.

  그렇게 20,855해리(약 38,623km)를 무동력 요트로 단독 항해하며 2009년에서 2010년에 걸쳐 210일 만에 세계 일주를 성공한 제시카다.

크고 작은 폭풍이 배를 뒤흔들고, 배가 전복되기도 했으며, 무풍지대를 만나 배가 전혀 움직이지 않는 상황을 이겨내 얻은 결과였다.

이 영화는 실화를 바탕으로 했다. 전 세계인이 지켜본 놀라운 결과로 제시카 왓슨은 2011년 올해의 젊은 호주인으로 선정되었고, 2012년에는 호주의 날 명예 훈장을 받았다.

이 이야기에서 진짜 놀라운 점은 따로 있다. 제시카가 스스로 목표를 세우고 실행해 이뤄냈다는 점이다.

+ 스스로 하는 아이의 가장 큰 특징 +

교육에서도 '자기주도학습'으로 통칭되는, 스스로 하는 공부가 가장 효과적인 방법임이 정론처럼 받아들여지고 있다. 그래서 스스로 하는 게 얼마나 중요한지 부모들 대부분이 잘 알고 있는 것 같다. 말을 물가로 끌고 갈 순 있지만 결국 말이 스스로 물을 마셔야 한다는 걸 말이다.

하지만 아이를 교육하다 보면 스스로 공부하도록 하는 게 결코 쉽지만은 않다. "우리 아이는 절대 스스로 안 하던데, 스스로 하는 아이는 타고나야 하는 건가요?" "어떻게 해야 아이가 스스로 공부하게 할 수 있는 거죠." 하는 류의 고충을 자주 듣는다.

반면 공부 잘하는 아이를 둔 부모에게선 아이가 스스로 알아서 하니 신경 쓸 게 별로 없다고 하는 말을 듣곤 한다.

이쯤 되면 스스로 하는 아이는 타고나는 것처럼 보이기도 한다. 사실 스스로 하는 아이에겐 몇 가지 정형화된 특징이 있다.

스스로 하는 아이의 가장 큰 특징은 자신만의 뚜렷한 목표가 있다는 것이다. 제시카가 세계 일주를 할 때 목적지가 없었다면 망망대해에서 어디로 나아가야 할지, 폭풍우를 만났을 때 어디로 돌파해야 할지 알 수 없었을 것이다.

목표가 명확하면 공부를 해야 할 이유가 생긴다.

부모가 아이를 양육하며 가장 많이 듣는 단어 중 하나가 바로 "왜"일 것이다. 궁금증은 아이의 본능이다. "왜 하늘은 파래요?" "왜 아침에는 해가 떠요?"부터 "왜 하면 안 돼요?" "왜 해야 해요?"까지 다양하다.

그래서 아이에겐 공부를 "왜" 해야 하는지 이유가 필요하다. 이유를 알면 명분이 생기고, 명분이 생기면 공부의 방향이 잡힌다. 목표는 '왜 공부를 해야 하는지'의 이유를 준다.

제시카는 요즘 우리나라의 일반적인 기준에선 그리 우수한 아이가 아니다. 심한 난독증으로 학교에 갈 수 없어 홈스쿨링을 해야 했다.

난독증을 극복하고 글을 읽을 수 있게 하고자 부모는 제시카가 좋아할 만한 책으로 읽기 연습을 시켰다. 제시카에게 가장 큰 영향을 준 제시 마틴의 단독 항해기였다.

제시 마틴은 제시카가 세계 일주에 성공하기 전까지 전 세계 최연소(17세)로 단독 항해 세계 일주에 성공한 인물이다.

제시의 책을 읽으며 제시카는 무동력 요트로 단독 세계 일주가 가능하다는 걸 처음 알았다. 항해 멘토가 제시카에게 왜 세계 일주를 하려는 거냐고 묻자, "그게 가능한지 몰랐는데 가능하다고 하니 하고 싶어요"라고 답했다. 그리고 이왕이면 제시의 최연소 기록을 깨고 싶다고 했다.

그때 제시카의 나이는 12세였고, 16세 때 세계 일주에 성공하고자 4년 동안 구체적인 계획을 세우기 시작한 것이다.

어릴 적부터 모험심이 강하고 요트 타는 것도 좋아한 제시카였지만 제시의 책을 읽기 전까지 명확한 목표가 없었다. 무동력 요트로 홀로 세계 일주를 하는 게 가능하다는 것도 몰랐다.

제시카는 할 수 있다는 걸 알았으니, 해야 한다고 말한다. 항해사 자격을 취득하고, 아르바이트로 비용을 모으며, 세계 일주 경험이 있는 은퇴한 항해사를 찾아가 가르쳐 달라고 설득한다.

이 모든 것의 시작에는 너무나 이루고 싶은 명확한 목표, 기존의 최연소 기록을 깨고자 16세 때 단독 항해 세계 일주를 성공하겠다는 목표가 있었다.

스스로 하는 아이는 자신의 능력에 확고한 믿음이 있다.

자아존중감(self-esteem)이 '있는 그대로의 나를 가치 있다고 생각하는 믿음'이라면, 자기효능감(self-efficacy)은 '주어진 일을 성공적으로 해낼 수 있다는 능력의 믿음'이다.

자기효능감은 사회학습 이론으로 현대 교육학에서 가장 중요한 인물 중 하나인 '앨버트 반두라'가 제시한 개념이다.

특정 과제에 마주했을 때 자기효능감이 높은 사람은 피하거나 포기하지 않고 도전한다. 해낼 수 있다는 자신감은 성공으로 이어진다. 실패하더라도 낙담하거나 좌절하지 않는다. 부족한 부분을 보완해 다시 도전하면 결국 해낼 수 있을 거라는 믿음이 있기 때문이다.

인간의 능력은 한계를 넘으며 발달하는데, 자아효능감이 높으면 한계에 도전하는 걸 두려워하지 않기에 능력을 발달시키고 도약할 수 있다.

자기효능감의 원천은 자율성이다. 자신의 능력에 대한 확신은 자신의 선택이 낳은 성공 경험으로부터 생긴다.

부모는 자신의 경험을 통해 아이를 본다. 아이의 성장 과정은 부모 자신 또한 겪은 것이기에, 아이에겐 더 쉽고 빠르게 좋은 것만 주고 싶은 마음이 크다.

그래서 아이가 문제를 마주하면 부모가 나서서 빠르게 해결해 주려 한다. 아이를 향한 지극한 사랑이 자리하고 있다.

하지만 아이가 스스로 선택하고 해결할 수 있는 기회를 빼앗는 것이다. 성공을 스스로 쟁취한 경험이 없으면 자기 능력의 확신을 기르기 어렵다.

자기효능감이 확실히 형성되지 않은 상태에서 너무 많은 실패를 경험하면 자신감을 잃을 수 있다. 도전에 대한 두려움 때문에 하고 싶은 마음이 작아진다. 반면 큰 노력 없는 성공 경험만 쌓으면 단 한 번의 실패로도 큰 좌절감을 느끼고 포기해버릴 수 있다.

결국 자기효능감은 적절한 노력이 바탕된 성공 경험에서 나오는 것이다.

제시카가 충돌 사고로 시범 항해를 실패한 후, 기자회견에서 기자들은 "제시카는 너무 어리고 항해하기엔 능력이 부족하다."거나 "자신이 무엇을 선택하는지도 모르는 것처럼 보인다."라고 비난한다.

하지만 제시카는 자신의 능력에 확신이 있었기에 "저는 항해에 관련된 자격을 모두 이수했어요. 배워야 할 모든 걸 배웠고 노력해 왔어요. 저는 세계 일주를 할 자격이 있어요."라고 답한다.

노력은 성공을 낳고, 성공 경험은 자기 능력의 믿음을 높인다.

　여전히 아이가 '스스로 하는 아이'가 아니라고 생각할 수 있다. 하지만 모든 아이는 스스로 하는 능력을 가지고 있다. 기질적으로 스스로 하는 능력이 탁월한 아이가 있는 게 사실이지만, 아이 안에 내재된 힘을 키워줌으로써 스스로 하는 아이가 만들어지는 경우가 많다.

　스스로 공부하는 걸 어려워하는 아이에겐 공부의 목표와 자신감을 세워줘야 한다. 목표 없이 공부하는 건 공부를 해야 하는 이유가 없는 것이고, 이유 없는 공부는 금방 지치기 쉽다. 그리고 자신감이 부족하면 새로운 걸 계속 배우고 도전하는 게 어렵게 느껴진다. 그래서 하기 싫은데 부모가 시켜 억지로 하는 공부는 오래 잘하기 쉽지 않은 것이다.

　큰 목표를 정했다면, 이어 중간 목표를 정한다. 그리고 하루, 일주일, 1학기, 1년까지 시기별로 구체적인 목표를 정한다. 물론 아이의 의견을 최대한 반영해야 한다. 가장 작은 목표는 달성 가능하고 또 스스로 측정할 수 있을 정도로 구체적인 게 좋다.

　큰 목표부터 가장 작은 목표까지 정했다면 직접 적어 잘 보이는 곳에 둔다. 매일의 작은 목표를 달성할 때마다 스티커를 붙이는 것도 좋다. 아이 스스로 자신의 노력을 눈으로 확인할 수 있으니 말이다. 아이는 스스로의 노력과 능력을 믿게 될 것이다.

일정한 수의 스티커를 모았다면 칭찬과 보상을 아낌없이 한다. 시험을 잘 봤을 때 하는 보상보다 훨씬 더 효과적일 것이다. 아이가 스스로 노력한 결과의 보상이기 때문이다.

명확하면서도 도전하고 싶은 목표를 정하고, 이어 작은 목표들을 이뤄내며 성공 경험을 쌓아간다면, 공부 습관이 만들어진 것이나 다름없다.

이 과정에서 아이가 하루의 분량을 해내기 어려워하거나 시간 배분이 어렵다고 하면 함께 조율한다. 조율하며 자신에게 맞는 최적의 방법을 찾아가는 게 바로 '자기조절'이다.

목표가 명확히 정해졌고 아이 스스로 공부할 이유도 알았다면, 이제 공부는 아이의 몫이다. 그 외 공부에 필요한 도움은 아이가 필요로 할 때만 준다.

불안하기도 하고 조바심이 나기도 할 테지만, 스스로 하는 아이를 만드는 자기효능감의 핵심은 자율성이다. 자율성을 가진 아이는 자신을 향한 부모의 믿음을 느낀다. 그래서 책임감도 생긴다.

스스로 하는 아이를 위한 부모의 마지막 도움은 아낌없는 격려다. 반두라 역시 자기효능감을 결정하는 중요한 요인으로 격려와 인정을 꼽았다. 아이의 능력과 노력을 인정하는 격려는 아이가 스스로 해낼 수 있다는 믿음에 확신을 더한다.

아이에게 부모는 가장 든든한 버팀목이다.

[목표를 설정하기 어렵다면?]

목표를 설정하기 어렵다면 조지 T. 도라가 개발한 'SMART 기법'을 참고해 보라. 모든 목표는 모호하고 막연한 것보다 명확하고 구체적이며(Specific), 측정 가능하고(Measurable), 충분히 달성 가능하도록(Achievable) 설정하는 게 좋다. 목표는 아이의 관심이나 흥미, 필요와 관련 있는 것(Relevant)이어야 하며 반드시 달성할 기한을 정해야(Time-bound) 한다.

예시

-> 앞으로 4년 뒤인 16세에 무동력 단독 항해 세계 일주에 도전한다.

-> 앞으로 한 달 동안, 영어단어를 하루에 열 개씩 외운다.

아이 스스로
공부하고 싶게 하려면

교육계에서 불문율처럼 사용되는 유명한 문구들이 있다. 그중 하나가 "아이에게 물고기를 잡아주는 대신 물고기 잡는 법을 알려줘라."라는 『탈무드』의 말이다. "물고기를 줘라, 아이는 한 끼를 먹을 것이다. 물고기 잡는 법을 가르쳐줘라, 아이는 평생 먹을 것이다."라고 말이다.

하지만 이 문구는 근본적인 문제를 안고 있다. 우선 아이가 정말 물고기를 먹고 싶은지 또 물고기를 잡고 싶은지 알아야 한다. 물고기를 먹고 싶지 않은 아이에게 물고기 잡는 법을 가르쳐준다고 한들, 아이가 스스로 물고기를 잡아 먹을 수 있을까.

물고기야 당연히 좋은 거니까 물고기를 잘 잡을 수 있으면 무조건 좋지 않냐고 말할 수 있다. 하지만 물고기가 무조건 좋다는 건 부모의 생각일 뿐, 아이는 원치 않을 수도 있다. 물고기를 원치 않는 아이에게 알려주는 낚시법들은 그저 노동이고 부담일 뿐이다.

이렇게 고치고 싶다. "아이에게 물고기를 주고 싶다면, 물고기를 잡아서 주지도 말고 물고기 잡는 방법을 알려주지도 말자. 아이가 스스로 물고기를 잡고 싶게 하자."

+ 스스로 공부하는 아이의 동기 +

이것이 바로 부모가 기억해야 할 아이 공부의 원리다. 공부는 누군가가 대신해줄 수 없다. 자전거 타기를 처음 배울 때처럼 말로 설명해주고 시범을 보여주거나 뒤에서 잡아줄 수도 있지만, 결국 아이 혼자 스스로 페달을 굴리고 균형이 잡히는 느낌을 느껴봐야만 자전거 타기를 배울 수 있다.

공부하면 좋으니 공부하라고 아이에게 아무리 말해봤자 소용없다. 중요한 건 아이 스스로 공부하고 싶게 하고 나아가 직접 공부하도록 해야 하는 것이다.

공부하고 싶은 마음이 바로 '동기'다. 아이의 학년이 낮을수록, 동기부여가 되지 않은 상태에서 공부를 해도 잠시 노력해 성과를 거둘 수는 있다. 하지만 이런 상태가 지속되는 건 쉽지 않다.

학년이 올라갈수록, 공부의 내용이 더 어려워지고 복잡해져 결

아이 캔 스피크 i Can Speak, 2017

감독: 김현석
출연: 나문희, 이제훈 외

국 스스로의 의지로 노력해야 하는 영역과 마주친다. 동기부여가 되어있지 않은 아이는 무엇을 어떻게 해야 할지 몰라 좌절하기 쉽다.

공부는 원래 힘들고 어렵다. 누구에게나 그렇다. 새로운 걸 받아들이고 이해하는 과정에서 인간의 뇌 속에선 새로운 뉴런 간의 연결이 생겨나고 확장된다. 뇌가 발달하는 과정인 것이다. 마치 누에가 번데기로 변하고자 고치를 뚫고 나오는 것처럼 에너지가 쓰이고 부담이 되는 일이다.

반면 이미 아는 것에는 새로운 자극을 느끼지 못하기에 재미를 느낄 수 없다. 반복해 연습하는 것들이 쉽게 지루해지는 이유다. 그러므로 새로운 걸 배우든 이미 아는 걸 복습하든 공부는 원래 힘든 게 맞다.

그럼에도 '스스로 공부하는' 아이가 있다. 동기를 갖고 있는 것이다. 그런데 안타깝게도 동기는 한 번 만들어졌다고 마냥 지속되진 않는다. 배터리처럼 소모되는 것이어서 주기적으로 다시 채워줘야 한다.

배터리를 오래 사용하려면 충전을 자주 하든 배터리 용량을 높이든 해야 한다. 스스로 공부하는 아이의 동기는 용량이 크고 또 어느 정도 소모되었을 때 스스로 충전이 되기도 하는 최신형 배터리와 같다.

동기를 갖는 중요한 원인은 '목표'의 유무에 있다. 목표는 동기가 자라게 하는 양분이며 오랫동안 지속해주는 공급 장치다.

＋ 충분한 동기와 명확한 목표에도 불구하고 ＋

우리의 뇌는 스스로 선택한 어려운 도전을 할 때 도파민을 분비해 스트레스를 줄이도록 돕는다. 뇌를 각성시키고 주의력을 높여 도전을 성공시킬 수 있도록 하는 것이다.

물가에서 낚시를 하면 물고기를 쉽게 잡을 수 있지만, 잡고 싶은 물고기가 바다 깊이 산다면 배를 타고 바다로 나가야 한다. 힘도 들고 시간도 더 많이 들겠지만 목표가 분명한 아이는 배를 타고 나가는 걸 두려워하지 않을 것이다.

영화 〈아이 캔 스피크〉의 나옥분 할머니도 그와 같다. 그녀는 영어를 배우고 싶어 하는 노력이 대단한데, 그녀의 집안 벽과 가구들에 영어단어와 회화를 적어둔 종이들이 빼곡히 붙어 있다.

매일같이 영어 공부를 열심히 하는 건 물론 일하면서도 영어를 중얼거린다. 거실 한편에는 언제든 공부할 수 있도록 책과 노트가 펼쳐져 있다. 젊은이보다 노력이 훨씬 더 많이 필요하지만 포기하지 않는다. 목표가 있어서다.

나옥분 할머니에겐 꿈이 있다. 반드시 해야 할 일들이 있다. 그러기 위해선 영어로 유창하게 말할 수 있어야만 한다. 그러므로 영어를 배우고 공부해야만 한다.

명확한 꿈과 동기가 확실히 부여된 상태다.

그렇다면 공부를 잘하게 되는 게 맞는 것 같다. 물론 노력할 수 있는 한에서 실력도 있다. 웬만한 단어나 기본 회화 정도는 할 수 있는 수준이다. 하지만 원하는 만큼은 되지 않았다. 동기도 충분히 부여되었고 목표도 명확히 있는데, 무엇이 문제인 걸까.

〈아이 캔 스피크〉는 2002년 〈YMCA 야구단〉으로 데뷔 후 꾸준히 평작 이상의 작품을 내놓은 김현석 감독의 2017년작이다. 이른바 '휴먼 코미디'를 표방한 작품들이 대다수인데, 그중에서도 이 작품이 독보적인 위상을 차지하고 있다. 무겁기 이를 데 없는 소재를 경쾌하게 풀어냈다.

제목 '아이 캔 스피크'는 스토리상으로 극후반에 이르러 묵직하게 다가오는데, 나옥분 할머니가 꼭 영어로 말해야 하는 이유의 일환으로 뭉클하게도 다가온다.

그녀가 영어로 말할 수 있다는 건, 충분한 동기와 명확한 목표에 따른 결괏값이 제대로 도출되었다는 걸 뜻한다.

+ 동기가 빠르게 소모되는 이유 +

확실한 동기가 부여된 상태라 해도 공부는 어려울 수 있다. 목표를 향해 끝까지 나가게 하려면 새로운 동기를 계속 부여해야 한다. 동기는 생각보다 까다로운 요소라서 다양한 이유로 소모된다.

첫 번째로 동기를 무력화시킬 만큼 공부가 어렵고 힘든 경우다. 아이가 소화할 수 없는 분량이나 '난이도'로 공부하고 있진 않은지 확인해야 한다. 학년에 맞는 교과 과정의 내용을 이해하는 데 어려움은 없는지 말이다.

과제도 시간이 너무 오래 걸리고 힘들어하면 난이도에 맞지 않을 수 있다. 동기가 부여되면 어려움을 이겨낼 힘이 생기긴 하지만 힘의 정도는 아이마다 다르다. 아이가 좌절을 느끼지 않도록 난이도를 조절해줘야 한다.

나옥분 할머니의 경우, 영어 회화를 배우고자 젊은이들이 다니는 비싼 회화 학원에 등록했다. 하지만 너무 빠르고 어렵고 배려 없게 진행된 수업은 할머니에게 맞지 않았다. 강사에게 조금만 천천히 말해 달라고 해도 소용없었다. 한국어 뜻조차 요즘 말로 진행하니 알아들을 수가 없다.

이 문제는 구청 공무원 박민재와 함께 영어를 공부하면서 해결된다. 그는 할머니의 수준에 맞는 난이도로 공부를 진행한다. 회화는 어렵지만 추임새는 곧잘 하는 할머니의 수준에 맞춰 게임으로 추임새를 쓰게 했다. 옛날 노래를 좋아하는 할머니를 위해 노래에 맞춰 회화를 연습하게 했다.

수준에 맞는 난이도로 공부하자, 할머니는 영어 회화에 재미를 붙인다. 공부를 하게끔 하기 위해선 일단 공부를 하고 싶은 기분이 들게끔 해야 한다. 그 기분은 뇌의 시상하부에서 생기는데 공부가 재밌는지 아닌지를 편도체가 판별한 다음의 일이다. 그러니 공부를 하고 싶은 욕구가 생겨 공부라는 행위를 하게 되기까지 우선 공부에 '재미'를 느껴야 한다.

동기가 빠르게 소모되는 두 번째 이유는 좌절의 경험이 축적된 실패의 기억 때문이다. 성공보다 실패의 기억이 더 많다면 다시 열심히 할 의욕이 생기기 힘들다.

이번 시험에서 열심히 공부했는데 성적이 좋지 않았다면, 아이는 열심히 했는데도 실패한 좌절의 경험을 갖고 싶지 않기에 노력하고 싶은 동기를 갖기 어려워진다.

그러니 좌절의 경험이 실패의 기억으로 남지 않도록 좌절의 크기를 줄여줘야 한다. 이미 좌절을 경험했다면 대화를 통해 실패의 기억이 아닌 도전과 성공의 동력으로 바꿔줘야 한다.

나옥분 할머니는 영어 회화에 두려움을 갖고 있다. 듣기를 어느 정도 할 수 있는데도 말만 하려고 하면 입이 떨어지지 않는 것이다. 미국으로 전화 통화를 해도 인사조차 하지 못하고 끊어버리기를 수차례, 회화 학원에서도 기회를 잘 주지 않고 이상하게 보는 강사와 학생들 때문에 자신감을 잃었다.

박민재는 이 점을 정확하게 알고 있었던 것 같다. 만날 때마다 하는 인사부터 시작해, 할머니에게 성공의 경험을 들려주고 칭찬을 아끼지 않는다. 작은 성공의 경험은 점차 커졌고 후에 외국인들과 자연스럽게 대화하는 단계까지 나아갈 수 있었다.

＋ **자아실현의 욕구** ＋

노력 끝에 나옥분 할머니는 미국 하원 외교위원회에서 영어로 증언한다. 이 증언은 국제 사회 최초로 공식 채택된 '위안부 사죄 결의안(HR121)'을 통과시켰다. 할머니의 꿈이자 목표를 이룬 것이다. 이후 그녀는 전 세계를 다니며 일본 위안부 문제를 알렸다.

'뭔가를 이루고 싶다'라는 목표는 아이를 공부하게 한다. 에이

브러햄 H. 매슬로의 욕구 이론에 따르면, 이런 목표는 그가 제시한 5단계의 욕구 중 최상위 단계인 자아실현의 욕구에 해당한다.

그보다 아래에는 자기 존중의 욕구, 애정과 소속의 욕구, 안전의 욕구, 생리의 욕구가 있다. 이 욕구 피라미드에선 하위 단계의 욕구가 충족되지 못하면 상위 단계의 욕구도 충족되기 어렵다.

아이가 크고 분명하며 자아실현을 위한 꿈을 꾸길 원한다면, 아이에게 존중과 애정, 소속감, 안정 등의 욕구를 충족시켜줘야 한다. 아이의 동기에 부모의 애정이 중요한 이유다.

[꿈 지도 그리기]

사막 한가운데를 여행한다고 해도 목적지가 있고 목적지를 찾아갈 수 있는 지도가 있다면 길을 잃지 않는다. 아이의 인생 여정에도 지도가 필요하다. 그리고 지도에는 목적지와 경로가 있어야 한다.

목적지는 아이의 목표나 꿈이다. 목표는 거창할 필요가 없고 실현 가능하면서 구체적인 게 좋다. 너무 먼 미래가 막연하다면, 3년 후 정도를 목표로 해보는 것도 좋다. 초등학교 고학년 혹은 중학생이 되었을 자신의 모습을 생각해보는 것이다.

목적지와 현재 위치 사이를 연결해주는 건 경로다. 목표를 이루고자 앞으로 1년 동안 어떤 일을 하면 좋을지, 1년의 목표 달성을 위해 매달 어떤 목표를 가져야 하는지 생각해보자. 매일 무엇을 어떻게 해야 할지 그려질 것이다. 목적지와 경로, 매일의 할 일이 적힌 지도는 잘 보이는 곳에 붙인다.

중간에 다른 목적지에 들르거나 경로를 수정해도 좋다. 중요한 건 아이가 직접 목적지와 경로를 생각해보는 것이다. 마음속에 품었던 모호하고 작은 꿈들을 말과 글로 표현해보면 실현 가능하도록 구체화된다.

이 지도는 아이가 목적지에 도착할 수 있게 도와줄 뿐만 아니라, 새로운 것에 도전하며 나아가는 일에 용기와 자신감을 줄 것이다.

스스로 공부하는 아이의
부모가 다른 점

아이가 처음으로 걸음마를 배우던 때를 생각해보자. 아장아장, 아슬아슬하게 걷는 아이가 넘어지지 않도록 부모가 앞에서 아이의 양손을 잡아준다. 이내 아이가 자신감을 갖고 양손을 잡고 걷는 데 익숙해지면 부모는 옆에서 한쪽 손만 잡아준다.

부모는 아이의 옆에서 걷는 만큼, 아이가 가는 길에 걸려 넘어질 만한 게 있는지 부딪칠 만한 곳은 없는지 살필 것이다. 그 후에는 아이가 혼자 걸을 수 있게 하고, 아이가 넘어지면 잡을 수 있도록 뒤에서 지켜본다.

부모는 옆이나 뒤에서 아이를 지켜보며 아이가 지치거나 발이 꼬여 넘어질 것 같으면 아이의 손을 잡아 넘어지지 않게 한다.

이런 과정을 거쳐 아이는 결국 혼자 걷고 뛸 수 있게 된다. 처음에는 비틀거리며 혼자 한 발 내딛는 것도 어려워하던 아이는 부모의 도움을 받아 차츰차츰 홀로 걸을 수 있게 된다.

이른바 아이의 '근접발달영역(ZPD: Zone of the Proximal Development)'이다. 아이가 혼자선 못하지만 도움을 받으면 해결할 수 있는 부분이다. 그리고 이때 부모가 주는 도움을 '스케폴딩(Scaffolding, 발판)'이라고 한다.

부모는 아이의 공부를 대신할 수도, 지식을 대신 얻어 아이에게 전할 수도 없다. 결국 공부는 아이가 직접 해야 한다. 다만 아이의 발달 과정에서 부모가 도와줬을 때 할 수 있는 영역이 분명히 존재하고, 처음에 도움을 받아 성공한 일은 걸음마를 배우듯 차츰 아이 혼자 해낼 수 있을 것이기에 부모는 아이에게 좋은 조력자가 되어야 한다.

+ 희망을 잃은 스트레인지의 조력자 +

부모가 좋은 조력자로서 제공하는 스케폴딩은 단순 설명이나 지시와는 다르다. 영화 〈닥터 스트레인지〉의 소서러 슈프림(최고 마법사) 에인션트 원은 좋은 조력자로서 올바른 발판을 제공하는 방법들을 잘 보여주고 있다.

〈닥터 스트레인지〉는 2008년 시작해 영화 역사상 가장 거대하

닥터 스트레인지
Doctor Strange, 2016

감독: 스콧 데릭슨
출연: 베네딕트 컴버배치, 레이첼 맥아
　　　담스, 틸다 스윈튼 외

고 또 가장 흥행한 세계관인 '마블 시네마틱 유니버스'의 세 번째 페이즈 두 번째 작품이다. 같은 세계관의 타 영화들보다 소소한 흥행 성적을 거뒀으나, 탁월한 비주얼텔링 덕분에 호평을 받았다.

　이 영화의 주인공은 당연히 스트레인지이지만, 그를 물심양면 도와주는 조력자 에인션트 원, 웡, 칼 모르도 등의 역할이 절대적이다. 그들이 없었으면 평범한 인간이었던 스트레인지가 히어로로서 제 역할을 해내지 못했을 것이다.

　유능한 신경외과 의사였던 스티븐 스트레인지는 불의의 교통사고를 당해 손을 제대로 사용할 수 없게 된다. 손을 고쳐 보려고 수많은 수술과 치료를 시행해보지만 소용없었다. 손을 사용할 수 없게 된 스트레인지는 삶의 희망을 잃고 만다.

그러던 중 누군가의 추천을 받아 마지막 희망을 걸고 네팔 카트만두에 있는 카마르 타지에 찾아가 에인션트 원을 만난다. 손을 치료하고자 에인션트 원을 찾아간 스트레인지는 그녀의 제자가 되기로 결심하고 마법을 배우기 시작한다.

하지만 과학과 이성을 가장 중시하는 외과 의사 출신의 스트레인지가 마법을 쉽게 받아들일 리 만무했다. 마법이라는 게 과학과 이성으로 설명이 되지 않는 영역이지 않은가.

그때 에인션트 원이 스트레인지에게 좋은 조력자가 되어주는데, 그녀가 제공하는 스케폴딩에서 일면을 엿볼 수 있다.

+ 조력자가 줄 수 있는 적절한 스케폴딩 +

에인션트 원은 무엇이든 바로 답을 해주는 법이 없다. 스트레인지가 뭔가를 물으면, 대답 대신 스트레인지에게 다시 다른 질문을 던지는 식이다.

스트레인지는 에인션트 원의 질문에 답하면서 그가 던진 질문의 답을 스스로 찾는다. 좋은 조력자가 제공하는 도움이자 스케폴딩의 종류 중 하나인 '질문하기'다.

조력자가 줄 수 있는 적절한 스케폴딩은 다양하다. 질문을 포함해 아이의 흥미를 유발하는 것에서부터 방향을 제시해 초점을 맞

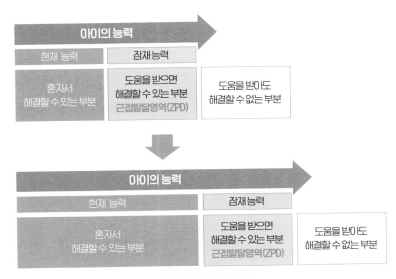

아이의 능력은 근접발달영역에서 도움을 받아 점차 향상된다

추도록 도와주거나, 아이의 말이나 행동을 수정해주거나 요약해
줄 수도 있다. 필요하면 힌트를 주거나 시범을 보여줄 수도 있다.
도전적인 욕구를 깨워주거나, 좌절을 통제해줄 수도 있고, 격려를
제공해줄 수도 있다.

일반적인 도움이나 단순한 지시와 다르지 않게 느껴질 수 있지
만, 스케폴딩에는 단순한 지시와 확연히 구분되는 몇 가지 조건
이 있다.

스케폴딩을 제공하는 목적은 아이가 도움을 받으면 해결할 수
있지만 혼자서 해결하기 어려운 문제를 해결할 수 있도록 하는

것이다.

그러니 문제는 아이가 혼자 해결하는 것도 아니고 부모가 해결해야 하는 것도 아니다. 아이와 부모가 함께 해결해야 하는 문제임을 인식하는 것에서 시작한다. 그럼에도 문제의 주체와 책임은 아이에게 있으니, 아이 스스로 해결할 수 있도록 해야 한다.

다음으로 중요한 조건은 아이의 근접발달영역을 이해하는 것이다. 근접발달영역은 아이가 수행할 수 없는 불가능한 모든 걸할 수 있게 되는 게 아니다.

난이도가 너무 높은 경우 아이는 도움을 받아도 해결할 수 없다. 또한 혼자 할 수 있는 부분도 근접발달영역이 아니다. 도움이 필요하지 않기 때문이다.

그러니 근접발달영역은 아이가 도움을 받으면 할 수 있는 영역이다. 이 영역에서 도움을 줘야 한다. 만약 아이가 독립적으로 수행할 수 있게 되면 바로 도움을 멈춘다.

✦ 에인션트 원의 스케폴딩 ✦

에인션트 원의 스케폴딩을 살펴보자. 스트레인지가 손을 고치고 싶다고 찾아왔으면서도 마법 자체를 믿지 못했을 때, 에인션트 원은 그가 관심 있어 하는 치유에 관해 얘기하면서 그의 관심을 이끌어냈다.

이후 마법을 살짝 맛보게 하면서 흥미를 일깨웠다. 의심이 완전히 가시진 않았지만 스트레인지는 점점 흥미를 갖고 새로운 질문을 하기 시작했다.

스트레인지가 카마르 타지에서 본격적으로 마법을 배우기로 했을 때다. 그가 배우고자 하는 마법은 미스틱 아츠인데, 주문과 함께 손으로 마법진을 그리는 게 필수적이다.

손이 온전하지 못해 마법을 시전할 수 없다고 하는 스트레인지에게 에인션트 원은 손이 없는 마법사에게 시범을 보이게 한다. 그러며 "강줄기를 억지로 바꿀 순 없어. 물의 흐름에 순응하고 그것의 힘을 이용해야지."라는 알쏭달쏭한 말과 함께 공간의 문을 열어 히말라야 산맥 한복판에 스트레인지를 보내버린다.

에인션트 원은 손이 온전하지 못하다는 이유로 마법진을 그릴 수 없다고 낙담하는 스트레인지의 좌절을 줄여줬고, 다른 마법사에게 시범을 보이게 해 시범을 제공했다. 언어로서 힌트를 주고, 스트레인지가 스스로 생각하고 깨닫도록 도왔으며, 통제된 상황을 통해 스스로 해결할 수 있는 문제를 제공한 것이다.

단편적인 장면이긴 하지만, 에인션트 원의 교육을 가장 확실하게 보여주는 부분이기도 하다. 이후로도 그녀는 늘 이런 방식을 고수했다.

일방적으로 가르치는 스승이 아니라, 적절한 도움을 제공해 결국 스트레인지가 스스로 깨닫고 배우도록 하는 조력자로서의 모습인 것이다.

부모가 실행할 수 있는 조력자의 구체적인 모습은 다음과 같다. 부모는 좋은 관찰자가 되어야 한다. 아이의 발달과 수행을 관찰해 스케폴딩을 제공하면 성공할 수 있는 부분이 무엇인지 알아내야 한다.

지식의 대부분은 단계별로 구성되어 있다. 아무리 어려운 공부라고 해도 낮은 단계부터 차근차근 올라가면 높은 수준에 다다를 수 있다. 이 단계들을 하나씩 밟아 올라가도록 돕는 게 바로 스케폴딩이다.

발판을 디디면 성공할 수 있는 부분이 분명히 있기에, 부모는 적정 시기에 적절한 도움을 발판으로 제공해야 한다. 도움을 받아 성공했다면, 다음엔 도움 없이도 스스로 할 수 있을 것이다.

도움은 일방적인 게 아니라 아이와 부모의 상호작용 하에 공동으로 문제를 해결하는 과정이라는 점과 결국 문제를 아이가 스스로 풀어야 한다는 걸 잊지 말아야 하겠다.

아이가 공부 외에
다른 것에만 관심이 많다면

페이 페이는 엄마를 일찍 여의고 아빠와 단둘이 월병 가게를 꾸려가는 소녀다. 그녀는 엄마가 생전에 들려준 항아의 전설을 굳게 믿고 있다. 항아는 중국 고대 신화에 등장하는 달의 여신으로, 혼자 달에 살면서 연인 후예를 기다리고 있다.

페이 페이는 항아와 후예의 영원한 사랑처럼 엄마와 아빠의 사랑도 영원할 거라고 생각한다. 하지만 엄마가 돌아가신 지 4년이 되었을 때, 아빠는 새로운 가족이 될 쭝 여사와 그의 아들 친을 소개한다. 페이 페이는 새로운 가족이 될 이들을 받아들이지 못하고 아빠가 엄마와의 사랑을 잊어버린 거라고 여긴다.

아빠에게 엄마의 사랑을 다시 기억나게 해주려면 항아의 이야기가 실제임을 증명해야만 했기에, 페이 페이는 항아를 만나러

오버 더 문 Over the Moon, 2020

감독: 글렌 킨

출연: 캐시 앵, 필리파 수, 켄 정, 존 조,
산드라 오 외

달로 향할 것을 결심한다.

많은 영화가 아이들의 우주 모험을 소재로 삼곤 한다. 와중에
이 영화 〈오버 더 문〉이 구별되는 건 주인공이 아주 특별하다는
점이다. 페이 페이는 달의 여신 항아를 만나러 달에 가고자 우주
선을 직접 만든다.

이제 갓 중학생인 페이 페이는 집으로부터 38만 4,400km나
떨어진 달에 가기로 결심한 후부터 우주 프로젝트를 아주 세밀하
게 계획한다.

페이 페이가 우주선을 만들고자 노력하는 우주 프로젝트 장면
은 영화의 1/3을 차지하는데, 아주 인상 깊다. 우주선 자료들을
찾아보고 원리를 파악하는 건 물론, 우주선 제작에 필요한 부품

들을 인터넷으로 주문하고, 우주선 제작에 필요한 수학과 물리 수식들을 공부하며, 프로그래밍도 한다. 모형 우주선을 만들어 실험하며 연이은 실패에도 물러나지 않는다.

프로젝트 초반에는 모형 발사체에 허술하게 폭죽을 달아 추진 동력으로 삼지만, 공부를 해 가며 그럴싸해지는 모습이 기특하다. 결국 자기부상열차에서 아이디어를 얻어 발사체 발사를 위한 레일까지 제작해 달나라 비행에 성공한다.

〈오버 더 문〉은 넷플릭스의 세 번째 오리지널 애니메이션으로 2020년에 공개되었다. 2018년 제90회 아카데미 시상식에서 '단편 애니메이션상'을 수상한 〈디어 바스켓볼〉의 글렌 킨 감독이 연출했다. 2021년 제93회 아카데미 시상식 '장편 애니메이션상' 후보에 올랐고 2021년 제78회 골든 글로브 시상식 '애니메이션 작품상' 후보에 오르며 작품성을 입증했다. 애니메이션계의 아카데미 시상식이라고 불리는 제48회 애니 어워즈에서 6개 부문 후보에 오르기도 했다.

1990년대 이른바 디즈니 르네상스의 주역이기도 한 글렌 킨 감독은 〈오버 더 문〉의 주제로 '새로운 것을 받아들이는 일과 변화에 열린 자세를 갖는 일'을 언급했는데, 불가능한 것에 과감히 도전하는 페이 페이의 모습에서 고스란히 읽힌다. 그녀는 판타지와 다름없는 달나라 여행을 믿었고 실현시켰다.

얼마 전 일곱 살 아이가 만든 1분 남짓의 스톱모션 영상을 봤다. 스톱모션은 여러 장의 사진을 연결해 움직이는 것처럼 보이게 하는 애니메이션 기법이다. 장난감 블록을 활용해 만든 그 영상은 일곱 살 남아의 작품답게 괴물을 물리치는 히어로물이었다.

작품 자체가 훌륭하기도 했지만, 영상이 인상 깊게 남은 이유는 다름 아닌 어머니의 설명이었다. 평소 아이가 블록을 너무 좋아해 항상 가지고 노는데, 사실 조금 걱정되었다고 한다.

그러던 어느 날 블록을 가지고 놀던 아이가 어디서 무엇을 봤는지, 자신이 만든 걸 사진으로 찍고 싶다고 했다. 그래서 스마트폰을 빌려줬더니 사진을 여러 장 찍고 연결해 영상으로 만들었다. 첫 작품으로 15초 정도 되는 영상이었다.

그다음에는 스토리도 제법 만들고 이전보다 더 크고 화려한 블록을 만들었다. 블록이 커지니 엄마에게 요청하길, 손이 하나 더 필요하다며 스마트폰 카메라를 잡고 있어 달라고 했다.

엄마가 오랫동안 쓰지 않던 미니 삼각대를 가져다주니 아이가 아주 좋아하면서 삼각대를 활용하기 시작했다. 아이는 엄마에게 시사회도 열며 의견을 묻고 아쉬운 점도 말했다.

책상 스탠드를 가져와 어두운 화면을 밝히고 스마트폰 앱을 활용해 사진 여러 장을 수월하게 이었다. 거실 한편은 어느새 아이의 스톱모션 작업 공간이 되었다.

엄마는 도와준 게 거의 없는데도 아이가 혼자 알아서 척척 해 나가는 게 신기하다며, 예전에는 블록만 가지고 놀아 걱정이었지만 이제는 아이를 그냥 지켜봐야겠다고 했다. 아이는 훗날 스톱모션의 거장이 될지도 모를 일이다.

〈오버 더 문〉의 주인공 페이 페이와 블록으로 스톱모션 영상을 만든 아이에겐 공통점이 있다. 흥미에서 시작해 경험하고 성장했고 당면한 문제를 스스로 해결해 나갔다.

교육에서 흥미는 아주 중요하다. 흥미가 있으면 동기가 유발된다. 그리고 계속하고 싶다. 계속하다 보면 능숙해진다. 능숙하면 자신감이 생긴다. 자신감이 생기면 더 잘하고 싶다. 그리고 목표가 생긴다.

흥미가 중요한 또 다른 이유는 좌절을 금방 극복하게끔 힘이 되어주기 때문이다. 인류 역사상 가장 위대한 이론물리학자로 이름이 드높은 알베르트 아인슈타인이 실험에서 얼마나 많은 실패를 겪었는지는 모두가 알 만큼 잘 알려져 있다. 실험이란 게 실패를 통해 발전하는 것이니 말이다.

예상치 못한 어려움은 좌절이 되지만, 예상한 어려움은 도전이 될 수 있다. 그러니 모든 건 '흥미'에서 시작된다고 해도 과언이 아니다.

일찍이 흥미의 중요성을 강조한 교육학자가 있다. 존 듀이다. 그가 강조한 흥미가 단순히 재미를 느끼거나 신나고 즐거운 자극만을 의미하는 건 아니다. 듀이는 흥미를 두 가지로 구분했다.

첫 번째는 '직접적인 흥미'다. 어떤 행위 자체가 좋아서 현재 활동에 몰입하는 상태다. 다른 목적 없이 지금의 활동 자체가 목적인데, 블록으로 스톱모션을 만든 아이가 좋은 예다.

이런 흥미는 단순히 좋아하고 재밌어하는 것에서 나아가 새로운 경험을 추구하는 활동으로 발전한다. 좋아하는 대상과 활동에 지속적으로 노력하고 싶은 마음이 들고 목표를 갖게 한다. 처음에는 블록 만들기 자체를 좋아했지만 나아가 스톱모션 영상 같은 창의적인 결과물을 만들고 싶어지는 것이다.

세상의 모든 활동이 흥미롭고 재밌을 수만은 없다. 아이가 공부 자체에 흥미를 느끼면 다행이지만, 모든 과목과 영역이 흥미롭고 재밌는 건 아니다. 어렵고 하기 싫은 것들이 더 많을 테다.

그럼 어떻게 흥미를 느끼게 해야 할까 고민일 텐데, 흥미의 두 번째 종류에 답이 있다. 바로 '간접적인 흥미'다. 간접적인 흥미는 그 자체로는 좋아하는 활동이 아니지만, 직접적인 흥미의 대상을 위해 필요한 과정이라는 걸 인식하며 흥미가 전이된 상태다.

부모는 아이의 현재 직접적인 흥미를 관찰하고 능력을 자극해야 하고, 흥미가 의미있게 실현될 수 있는 지식이나 활동으로 연결되어 간접적인 흥미로 전이될 수 있도록 이끌어야 한다.

재밌는 건, 듀이에 의하면 간접적인 흥미도 의미있는 계기로 언제든 직접적인 흥미가 될 수 있다는 점이다. 아이의 흥미에 관심을 갖는 것 못지않게 아이가 흥미를 가질 수 있는 다양한 경험을 제공해주는 것도 중요하다.

듀이는 'Learning by doing(경험으로부터 배움)'이라는 말로도 잘 알려져 있다. 아이는 경험하면서 배운다. 그런데 경험은 단순히 '한 번 경험해 봤다'에서 그치는 게 아니라 능동적인 입장에서 실제로 해보는 것이다.

아이는 경험하며 흥미를 확장하고 발달시킨다. 같은 경험이라도 아이가 가진 관심과 흥미에 따라 얻어지는 게 다를 것이다. 아이는 기존의 경험을 바탕으로 새로운 경험을 재구성해 나가기 때문이다.

교육은 미래를 위해 힘겹게 이겨내고 참아야 하는 게 아니라 지금 살아가고 있는 인생 자체다. '좋아하는 건 나중에 해, 지금은 공부만 해.'라며 지금은 일단 공부를 하고 나중에 하고 싶은 걸 하라는 것보다, 아이의 흥미가 확장되어 배움이 필요하도록 이끌어야 한다.

공부에 힘들게 접근하면 공부를 향한 마음을 열기 힘들다. 공부 자체가 목적이 아니라, 목표에 도달하기 위한 수단이면서 그 자체가 아이의 발달 과정이 되는 것이다.

　누구나 흥미를 지니고 살아간다. 부모는 공부 외에 아이가 지닌 흥미를 무조건 부정적으로 대하거나 공부와 동떨어져 있는 것으로 보고 막는 게 아니라, 진지하고 중요하게 다뤄야 한다.

　단순히 아이가 재밌어하는 것만 시키는 게 아니다. 아이는 현재의 흥미와 관심을 수많은 방향으로 퍼뜨릴 수 있는 역동적인 힘을 가지고 있다. 그러니 아이의 흥미가 의미있는 성장을 하도록 이끌어주는 건 부모의 몫이다.

[활력과 자신감을 주는 취미 만들기]

취미는 성과를 내거나 완벽하게 잘하고자 하는 게 아니라 순수하게 흥미와 즐거움이 목적인 활동이다. 얼마나 능숙하게 할 수 있는가 보다, 하는 행위 자체에 의미가 있다. 아이가 본격적으로 공부를 시작하면 공부에 집중해야 한다는 이유로 좋아하는 일을 포기하는 경우가 많지만, 취미가 오히려 공부에 도움이 될 수 있다.

취미 생활은 시간을 내 배우고 즐기면서 능숙해진다. 운동이나 음악, 미술 등 모두 그렇다. 아이는 반복으로 능숙해지는 연습과 노력의 중요성을 배운다. 도전에 따른 성취감도 배운다. 공부에 필수적인 기술들이다.

악기를 더 많이 연습할수록 더 좋은 소리가 난다는 걸 배운 아이는 수학 문제를 풀 때도 동일하게 적용하면 된다는 걸 안다. 또한 취미는 아이의 사고와 시야를 확장시킨다. 좋아하고 잘하는 게 무엇인지 발견할 수 있다.

무엇을 취미로 해야 할지 모르겠다면, 부모가 함께 아이의 관심과 취향을 탐색해 취미를 찾도록 도와주는 게 좋다. 좋아하는 것과 싫어하는 것, 구체적으로 무엇을 좋아하는지 관심을 갖고 대화하면 찾을 수 있다.

공부와 관련이 없더라도 자신만의 특별한 경험과 기술을 가지는 것 자체로 자신감이 생기고 자존감도 높아진다. 즐거운 취미 생활은 아이가 풍요로운 삶을 영위하는 데 도움을 주고, 공부와 취미가 균형을 이루는 환경 속에서 잠재된 역량도 극대화시킬 수 있다.

아이의 공부에서
지능보다 중요할 수 있는 것들

유전공학과 우성학이 만연한 머지 않은 미래의 어느 날, 유전자 조작 없이 평범하게 태어난 빈센트 프리먼은 선천적으로 약한 심장과 좋지 않은 눈, 그리고 길지 않은 수명을 가진 소위 '부적격자'로 분류되었다.

이 시대에는 유전자 검사만으로 수명, 예상되는 질병, 지능, 성격 등을 완벽하게 파악할 수 있으니 태어나면서 사회적 지위가 부여된다. 빈센트의 부모는 크게 실망해 유전자 조작으로 열성인자를 제거한 동생 안톤 프리먼을 낳는다.

예상대로 안톤이 빈센트보다 키도 컸고 눈도 좋았으며 심장도 훨씬 튼튼했다. 선천적인 능력의 한계였을까, 수영 시합을 해도 동생 안톤이 항상 빈센트를 이겼다.

가타카 Gattaca, 1997

감독: 앤드류 니콜
출연: 에단 호크, 주드 로, 우마 서먼 외

빈센트에겐 꿈이 있다. 우주비행사가 되는 것. 하지만 부적격자인 그는 우주비행사가 될 수 없다. 자격이 없으니 말이다. 어떻게든 꿈에 가까이 다가가고 싶은 빈센트는 우주항공 회사 가타카에서 청소부로 일하지만, 그에게 우주비행사는 여전히 너무 먼 꿈이다. 과연 빈센트는 선천적인 한계를 극복하고 우주비행사가 될 수 있을까?

〈가타카〉는 20년이 훌쩍 지난 1997년에 개봉한 SF 스릴러 영화로 선천적 유전자로 사회적 지위가 부여되는 근미래 사회를 배경으로 했다.

에단 호크, 주드 로, 우마 서먼 등 내로라하는 배우들이 캐스팅되어 기대를 모았지만 흥행에서 참패하고 말았다. 하지만 시간이 흐르며 명작으로 재평가되고 있다. 이 영화가 그린 근미래의 시대가 현실로 다가오고 있기 때문일까.

주지했듯 영화에선 세상 사람들이 적격자와 부적격자로 나뉜다. 부적격자는 몸도 약하고 오래 살지 못할 거라 할 수 있는 게 제한적이다. 부적격 아이를 낳은 부모조차 실망하는 마당에 세상은 부적격자를 매몰차게 대우하기 마련이다. 부적격자로 태어났으니 평생 그렇게 살다가 가야 하는 건지 너무나 불합리하고 불행한 세상이다.

<h2 style="text-align:center">+ 지능이 높지 않으면 공부를 잘할 수 없을까? +</h2>

"우리 아이는 머리는 좋은데 공부를 잘 안 한다." "공부를 안 해서 그렇지 머리가 좋으니 하면 잘할 텐데." 같은 말을 종종 들어봤을 것이다.

머리가 좋다는 건 일반적으로 지능(Intelligence), 즉 지적 능력이 높다는 의미로 사용한다. 그리고 지능을 대표하는 게 바로 IQ(Intelligence Quotient)로, 지능이 발달한 정도를 지수로 표현한 것이다.

지능은 〈가타카〉에서처럼 유전적이고 선천적인 요인으로 일부가 결정된다. 50% 정도다. 부모의 유전자로 결정되는 것도 어느 정도 맞다. 하지만 정확히 어떤 유전자가 어느 정도 관여하는지는 아직 밝혀지지 않았다.

유전자는 복합적으로 작용해 아이에게 유전되고 지능 또한 그렇다. 부모의 지능이 높으면 아이의 지능도 높을 확률이 높지만 반드시 그런 건 아니다. 영화에서 빈센트의 경우, 부모는 건강한 적합자였지만 자연적으로 태어난 아이가 건강하지 않은 부적합자였다는 걸 봐도 알 수 있다.

선천적으로 결정된 지능 외에는 후천적인 영향으로 나타난다. 태아 시기부터 출생 후의 환경과 성장 과정, 교육에 따라 변할 수 있다. 선천적으로 높은 지능을 가지고 태어난 아이라 해도 적절한 환경이 제공되지 않으면 발휘할 수 없다. 아이의 지능이 높지 않다고 문제 될 건 없는 것이다.

지능이 오랜 기간 학업 능력을 예측한 중요 요인인 건 맞다. 하지만 인간의 정신적 능력과 지적 능력을 IQ라는 지능 지수가 완벽히 설명할 수는 없다. 특히 지능 검사로 측정하는 IQ는 기억력, 분석력, 추론능력, 언어능력 중심이며, 이런 능력들은 대개 좌뇌가 담당한다.

물론 습득한 정보를 기억·분석·해결하는 능력은 문제를 해결하는 데 효과적이고 또 학습을 효율적으로 할 수 있게 한다. 하지만 그것들이 공부의 전부는 아니다.

많은 연구에서 지능과 학업 성적 간의 상관관계를 도출했는데,

지능은 성적에서 25% 정도의 설명력을 갖고 있다. 아주 높아도 30%를 넘지 않았다. 성적에서 지능이 25%만큼의 영향을 미친다는 의미다.

그러니 지능이 높으면 공부를 잘할 확률이 높은 건 사실이지만, 100%가 아니고 25% 정도라는 걸 알아야 한다. 생각보다 높지 않다. 많은 이가 지능이나 IQ에 대해 말하는 것에 비해선 낮다.

더욱 놀라운 사실은 학년이 올라갈수록 지능의 중요성이 점점 더 낮아진다는 점이다. 그리고 IQ가 너무 높으면 오히려 학업에 흥미를 잃기 쉽다. 이미 아는 것에 흥미를 느끼지 못하고 학습할 필요성 역시 느끼지 못하기 때문이다.

선행학습이 오히려 학업 성취를 저해한다는 연구 결과들과 같은 맥락이다. 선행학습을 하면 이미 다 아는 내용이니 공부를 수월하게 할 거라 생각하기 쉽지만, 오히려 공부에 흥미를 잃을 수도 있다.

✦ 공부에서 지능보다 중요한 것들 ✦

선천적인 지능이나 IQ 외에 무엇이 공부와 성적에 영향을 주는 걸까. 학습은 공부를 해야겠다고 마음먹고, 어떤 정보를 보고 받아들일지 말지 결정하고, 학습한 정보를 어떻게 사용할지 결정하는 과정으로 이뤄진다. IQ가 측정하지 못하는 우뇌의 영역이다.

또한 공부하고 싶은 마음인 동기, 하기 싫거나 어려울 때도 계속 노력하게 하는 자기조절력, 할 수 있다는 믿음, 그리고 노력이나 성실성도 필요하다.

모두 타고나는 게 아니라 후천적으로 발달한다. 이외에도 IQ로 대변되는 지능보다 훨씬 더 다양한 요인들이 아이의 공부와 성적에 영향을 미친다. 즉 잘하도록 한다.

〈가타카〉에서 부적합자 빈센트는 적합자 동생보다 선천적 지능과 신체 능력은 물론 시력이나 심장도 좋지 않았다. 하지만 늘 수영 시합에서 동생을 이길 수 없었던 빈센트는 열일곱 살에 결국 동생을 이긴다. 수영 시합 중 익사할 뻔한 동생을 구해내기도 한다. 선천적으로 결정된 능력은 부족했지만, 노력과 훈련으로 극복할 수 있었다.

우리가 익히 잘 알고 있는 박지성 선수 역시 마찬가지다. 그는 세계 최고의 축구 구단 중 하나인 잉글랜드 프리미어리그 소속 맨체스터 유나이티드 FC에서 2005년부터 7년간 주전 미드필더로 활약했다. '두 개의 심장'이라는 별명을 얻을 정도로 축구장에서 종횡무진 뛰어다녔다. 웬만해선 지치지 않았고 빠르기도 했다.

그런데 그는 평발이다. 발의 아치가 비정상적으로 낮거나 없는 걸 평발이라고 하는데, 발이 빨리 피로해지고 통증도 생기기 때문에 평발은 운동을 하기 힘들다고 알려져 있다.

박지성은 신체적으로 선천적 문제가 있었음에도 세계적으로 인정받는 훌륭한 선수로 발돋움해 오랫동안 활동했다.

유전적이고 선천적 요인보다 더 중요한 것들이 있었기에 가능했다. 노력과 성실성을 바탕으로 자신에게 맞는 훈련법과 전략을 습득했을 것이다. 열정과 자아효능감, 자신감이 뒷받침된 건 물론이다.

빈센트와 박지성의 사례를 공부에 그대로 적용할 수 있다. 공부를 잘하는 데는 지능을 비롯해 정말 많은 요소가 영향을 끼친다. 관련된 연구도 수없이 많다. 많은 연구에서 지능보다 동기, 자기조절력, 노력과 성실성, 자아효능감이 중요하다고 입을 모은다. 모두 후천적으로 발달할 수 있다.

+ 후천적으로 발달시킬 수 있는 능력 +

빈센트는 부적격자로 입사가 불가능했던 우주항공 회사 가타카에 입사한다. 그의 유전자로는 입사할 수 없었기에, 적합자이지만 현재는 반신불구가 되어버린 제롬 모로우의 유전자를 이용했지만 말이다.

하지만 우주로 나가는 마지막 검사에선 준비를 하지 못해 그의 유전자 그대로 열성 판정을 받게 된다. 매일 열심히 공부하고 훈련했지만, 얼마나 공부했고 얼마나 열정이 넘치는지 또 얼마나 훈련으로 단련했는지는 유전자 검사에 나오지 않았다.

다행히 그의 노력과 열정, 능력을 알아본 검시관이 그의 부적격 검사 결과를 눈감아줬다. 그의 아들 역시 열성 판정을 받았기에 인간의 능력과 노력을 선천적이고 생리적인 유전자 검사만으로 판단하면 안 된다는 걸 알고 있었다.

그는 오히려 빈센트를 격려하며 아들에게도 가능성이 있다는 걸 보여줘서 고맙다고 했다. 그렇게 빈센트는 우주비행사가 되어 우주로 나갈 수 있었다.

선천적으로 정해진 것들의 존재를 부정할 수는 없다. 다행인 건 공부에는 지능보다 중요한 게 많을 뿐만 아니라 교육을 통해 후천적으로 발달시킬 수 있는 능력들이 많다는 점이다.

아이가 공부를 잘할 수 있게 할 뿐만 아니라, 성공적으로 살아가는 데 도움을 주는 것들이다.

[스스로 생각하는 힘 기르는 질문하기]

① 열린 질문하기

단답형으로 답하게 되는 질문이나 답이 정해져 있는 닫힌 질문이 아니라,
'왜' '어떻게' 생각하는지 자유롭게 답할 수 있는 열린 질문을 한다.

- 네가 좋아하는 음악은 어떤 거야?
- 어떤 점이 좋았어?
- 너는 어떻게 생각해?

② 한 번 더 생각해볼 수 있는 질문하기

한 번 더 생각해볼 수 있게 반문하거나 다른 각도에서 질문한다.

- 왜 그렇게 생각했어?
- 그래서 어떻게 되었을까?

③ 선택과 의사 존중하는 질문하기

아이에게 선택권을 주는 건 부모가 자신의 선택을 가치 있게 여기며 자율
성을 존중한다고 느끼게 한다.

- 다음 주 가족 외식 메뉴를 네가 골라볼래?
- 이걸 먼저 해볼까, 저걸 먼저 해볼까?

④ 질문 후에 충분한 시간 주기

질문 후에 연달아 다음 질문을 하거나 부모가 스스로 답하는 게 아니라, 생
각하고 대답할 수 있는 충분한 시간을 준다. 10초 이상 기다려준다.

3부

아이는 각자의
방식과 속도로 나아간다

아이가 어떤 사람으로
자라길 바라는가

학생들을 만날 때면 종종 묻곤 한다. "공부를 왜 하는 것 같니?" 나이와 관계없이 비슷한 대답을 내놓는다. '좋은 대학에 들어가기 위해서'라고 말이다. 조금 더 깊게 생각하는 아이들은 '훌륭한 사람이 되기 위해서'라고 답하기도 한다. 대학생의 경우 '좋은 직장에 들어가기 위해서'라고 답하곤 한다.

그럴 때 나는 질문을 더 하고야 만다. "좋은 대학이나 직장에 들어가면 뭐가 좋아?" 첫 질문 때처럼 대답은 몇 가지로 모이는데, '훌륭한 사람이 되기 위해서'라거나 '돈을 많이 벌기 위해서'란다.

이때 다시 "훌륭한 사람이 되거나 돈을 많이 벌면 뭐가 좋을 것 같아?"라고 물으면, 아이들은 나를 조금 이상하게 바라보기 시작한다. "훌륭한 사람이 되면 당연히 좋은 거 아니에요?"라든지 "돈이 많으면 당연히 좋죠!"라며 뭘 이런 걸 묻나 하는 표정들이다.

그렇게 계속 질문을 이어나가면, 결국 종착지에 다다르곤 한다. 훌륭한 사람이 되어 많은 사람을 돕고 싶다는 아이도, 유명해지고 싶다는 아이도, 돈을 많이 벌어 좋은 집에서 편하게 살고 싶다는 아이도 하나의 답에 도달하는 것 같다. 바로 '행복'이다.

하지만 아이러니하게도, 행복하게 살기 위해 공부하는데 아이들은 대부분 공부를 힘들어한다. 부모 또한 아이의 공부 때문에 힘들긴 매한가지다. 왜 그럴까. 답하기에 앞서, 공부가 무엇인지 생각해봐야 한다.

공부는 단순히 시험을 보기 위해서나 문제를 풀이하는 것에만 적용되는 게 아니다. 인간이 평생 해 나가야 하는 배움이다. 아이가 사회의 일원이자 독립된 개체로서 삶을 스스로 영위할 수 있도록 하는 것이다. 그렇다면 아이에게 무엇을 가르칠 것인가.

✛ 역경을 뚫고 행복하게 살고 있는 포레스트 검프 ✛

여기 한 사람의 일생을 따라가보자.

높은 지능이나 특별한 신체 능력을 가진 것도 아니었던 한 아이는 우연히 미식축구 감독의 눈에 들어, 체육특기생으로 명문 대학에 입학한다. 이내 전미 대표팀이 되어 대통령도 만난다.

대학 졸업 후에는 군대에 들어가 훌륭한 병사로 인정받고, 베트남전쟁에 참전해 국가무공훈장도 받는다. 부상으로 재활하던 중, 탁구를 치다가 탁구 재능에 눈떠 핑퐁외교의 일환으로 중국에 다녀온다.

군에서 제대한 후 새우잡이를 시작해, 수산 회사를 차리고 백만장자가 된다. 번 돈의 대부분을 기부하고 의료센터도 설립한다.

그러다 어느 날 갑자기 달리기를 시작해, 3년 넘는 시간에 걸쳐 미국을 횡단한다. 뭇사람들에게 감동을 안겨 많은 관심을 받고 수많은 추종자를 얻는다. 사랑하는 이와 결혼하고 아이를 키우며 가정도 이룬다.

이 사람의 일대기를 보면, 대부분의 부모가 아이에게 바라는 모습일 것이다. 좋은 대학에 들어가고, 전쟁에 참전해 국가무공훈장도 받았으며, 핑퐁외교의 일환으로 나라를 대표하기까지 했다. 사업으로 큰돈을 벌어 사회에 기부했고, 선한 영향력을 끼치는 사람이 되어 뭇사람들의 관심과 사랑을 받았다. 가정도 꾸렸음은 물론이다.

명예와 돈이 충분했고 선한 영향력을 끼치면서도 많은 사랑까지 받았다. 궁극적으로 행복한 삶을 살고 있다.

영화 〈포레스트 검프〉의 주인공 '포레스트 검프'의 일생이다. 검프의 삶은 이토록 대단해 보이는데, 영화를 따라가다 보면 정작 그에게 역경이 더 많았다는 걸 알 수 있다.

포레스트 검프 Forrest Gump, 1994

감독: 로버트 저메키스
출연: 톰 행크스, 로빈 라이트, 게리 시
니스 외

사실 그는 IQ 75의 경계성 지능을 가졌고, 척추가 휘어 다리에 교정기를 차야 했다. 아버지 없이 어머니와 함께 살았다. 학창 시절 내내 괴롭힘을 당했고, 괴롭힘에서 도망가다가 덜컥 명문 대학의 미식축구팀에 들어갔다.

베트남전쟁에선 적의 기습공격에 혼자서 너무 빨리 도망가다가 살아남았다. 그러다 친한 전우가 생각나 다시 적진으로 들어갔다가 우연히 다른 동료들을 살려 국가무공훈장을 받았다.

새우잡이를 하기로 마음먹었을 때도 마찬가지였다. 전 재산을 털어 새우잡이 배를 샀지만, 몇 달 동안 새우를 한 마리도 잡지 못했다. 평생 수많은 사람에게 '바보'라고 놀림과 무시를 당했다.

〈포레스트 검프〉는 〈백 투 더 퓨처〉 시리즈 등으로 유명하며

2000년대 들어 〈폴라 익스프레스〉 등으로 CG 발전에 큰 공헌을 한 로버트 저메키스 감독의 대표작이다.

미국 현대사를 관통하며 정치적으로 복잡하게 얽힌 이야기를 전하지만, 검프의 어머니가 남긴 "인생은 초콜릿 상자 같단다."라는 전설적인 명대사가 기억에 남는다.

검프 부인은 검프가 들어간 학교의 교장 말에 따르면 '교육열이 참으로 열정적인 부인'이었는데, 지적 능력이 떨어지고 몸이 불편한 아들을 마냥 품에 안으려 하지 않고 세상에 내놓아 남들과 다름없는 삶을 살아가게 하고자 노력했다.

✛ 세상 앞에 당당히 자신의 삶을 만들어가는 아이 ✛

포레스트 검프가 이룩한 결과들은 순간의 과정을 잘 이겨낸 결과물에 불과했다. 영화는 검프의 대단한 업적보다 지난한 과정에 더 집중한다.

편모 가정에서 장애를 가지고 태어났고 지능도 낮았던 그는 어떻게 지난한 과정을 잘 이겨낼 수 있었을까. 그 비밀은 검프 부인의 교육관에 있다고 생각한다.

검프 부인이 영화에 등장하는 장면은 그리 많지 않다. 하지만 그녀의 교육관을 눈여겨봐야 한다. 검프가 삶의 다양한 순간들을 마주할 때마다 그녀의 가르침을 떠올리기 때문이다.

검프 부인이 아들에게 늘 말했던 건 '넌 남들과 다르지 않아, 너도 할 수 있어.'라는 메시지다. 다른 아이들과 '비교'하는 말이 아니라 '다름'을 인정하는 말이다. 여타 대다수의 아이보다 지능이 조금 낮은 것도, 심한 척추측만증을 앓고 있는 것도 검프만이 가진 특징이라는 걸 인정한 것이다.

그렇기에 남들이 할 수 있는 걸 검프도 할 수 있다고 여겼다. 낮은 지능과 선천적인 장애를 가지고 있었던 검프가 세상 앞에 당당하게 서고 자신의 삶을 꾸려나갈 수 있도록 말이다.

아들을 세상에 당당한 모습으로 맞서고 스스로의 인생을 만들어가는 아이로 키우겠다는 게 검프 부인의 교육관이었다. 그 교육관은 검프의 마음에 씨앗으로 심어졌다.

사람들이 지능이 낮은 검프에게 '멍청이'라고 부르는 모든 순간에 검프는 '멍청한 행동을 하는 게 멍청한 것(Mama says stupid is as stupid does)'이라는 엄마의 말로 의연하게 대응한다. 그의 마음이 웬만한 놀림에도 다치지 않을 정도로 단단하다는 방증일 것이다.

검프에게 멍청한 건 멍청한 행동을 하는 것이었기에 그는 멍청한 게 아니라 단지 지능이 조금 낮은 것뿐이었고, 남들과 똑같이 무엇이든 할 수 있다고 배웠기에 무엇이든 하는 사람이 되었다.

이것이 바로 '교육관'이다. 부모는 아이를 어떤 사람으로 자라게 할 건지, 무엇을 가르칠 건지 생각해야 한다.

정답은 없다. 하지만 교육관이 있으면 무엇을, 어떻게 가르칠 것인지 답을 얻을 수 있다. 교육 목표도 생긴다. 주변이나 매스컴에 나오는 여러 정보에도 휩쓸리지 않을 수 있다.

아이를 교육한다는 것, 아이가 공부한다는 건 단순히 시험을 잘 보고 좋은 점수를 받는 것보다 훨씬 더 거대하고 큰일이다. 한 명의 아이를 사회의 일원이자 독립된 한 사람으로 만들어내는 일이기 때문이다.

각자의 속도로 자라는
아이에게 필요한 것

백송고교 야구팀, 주수인은 최고 구속 134km에 볼회전력이 일품
인 천재 야구소녀다. 하지만 그녀는 졸업반임에도 프로의 지명을
받지 못했다. 그녀뿐만 아니라 대다수가 실패했고, 어릴 때부터 그
녀와 함께 야구를 해온 이정호만 지명받았을 뿐이다.

야구팀에 새로 부임한 코치 최진태, 그는 프로 출신도 아니고
코치 경력도 없지만 감독의 백으로 들어올 수 있었다. 그래도 실
력은 있었던 듯 수인을 전담한다.

처음엔 수인으로 하여금 프로야구선수를 포기하게 하려 했지
만, 수인의 진심과 일말의 희망을 보고 마음을 고쳐먹는다. 그녀
의 강점인 볼회전력을 살려 '너클볼'을 개발한 것이다.

프로의 지명은 받지 못하게 되었지만, 트라이아웃이라는 구단

개별 입단 테스트를 받게끔 하려 한다. 수인은 진태의 전담 마크로 특훈에 들어간다. 그녀는 과연 프로야구선수가 될 수 있을까?

+ 천재 야구소녀가 되기까지 +

1999년 안향미 선수가 대통령배 전국고교 야구대회에 출전해 여자로서는 처음으로 공식 대회 출전 기록을 남겼다. 영화 〈야구 소녀〉는 안향미 선수의 이야기를 모티브로 했다. 이 영화는 다양한 시선으로 볼 수 있는데, 스포츠 영화도 봐도 성장 영화로 봐도 또 여성 영화로 봐도 소수자 영화로 봐도 좋다.

수인이 야구를 처음 했을 무렵을 떠올려보자. 초등학교 저학년 시절 야구공을 처음 던져봤다. 잘되지 않았다. 어리니 힘도 약하고 처음 던져보니 당연했다. 하지만 짜릿한 느낌과 쾌감을 잊을 수 없었다. 너무나도 재밌었다. 그래서 연습을 하기 시작했다.

그렇게 한 달 두 달, 1년이 지나니 웬만한 남자아이들보다 잘 던질 수 있었다. 엄마도 처음에는 관심이 없었지만, 시간이 지나면서 수인을 응원했다. 중학교에 들어갔을 때 수인은 당연한 것처럼 야구부에 입단한다. 야구부에 들어갈 정도로 실력이 향상된 것도 있었다. 그리고 고등학교에 들어갔을 때 수인은 '천재 야구소녀'라는 별명까지 얻으며 최고 구속 134km의 볼을 던진다.

야구소녀 Baseball Girl, 2020

감독: 최윤태
출연: 이주영, 이준혁, 염혜란 외

　몇 가지 요인이 수인의 성공에 영향을 미쳤을 것이다. 그녀는 연습으로 경험을 얻었다. 공을 계속 던지면서 노하우를 터득했다. 이렇게 하면 회전볼을 던질 수 있고, 저렇게 하면 너클볼을 던질 수 있다는 걸 깨달았다. 코치와 동료들에게 배우기도 했다. 야구공을 처음 잡았을 때보다 훨씬 더 강한 신체 능력도 지녔다.

　수인의 성공은 경험과 학습, 그리고 성숙의 결합이었다. 그 결과 지속적인 변화가 나타난 것이다. '발달'이라고 하는데, 어린 시절에만 일어나는 게 아니고 전 생애에 걸쳐 계속된다.

　발달의 과정을 이해하면 아이를 이해하기 쉽다. 아이의 사고와 어른의 사고가 어떻게 다른지, 학습하고 경험을 쌓아가며 아이의 행동과 사고가 어떻게 변화하는지 알 수 있기 때문이다.

　부모가 아이의 발달에 도움 주는 방법을 논하기 전에 '발달'의 기본 원리를 들여다보자. 발달에는 '학습'이 필수적이다. 학습은 이해나 능력이 향상되는 걸 의미한다. 또 '경험'은 발달하는 데 아주 중요한 발판이다. 풍부한 경험은 아이들이 발달하는 데 있어 중요한 양분이다. 경험이 없다고 발달이 되지 않는 건 아니지만 경험이 많으면 발달에 유리하다.

　'사회적 상호작용' 또한 발달에 필수적이다. 사회의 구성원들이 지속적으로 관계를 맺고 서로 영향을 주고받는 모든 과정이 사회적 상호작용이다. 또래 친구들이나 선생님, 부모님과 소통하는 것 모두 해당한다. 아이들이 각자의 지식, 관점, 경험들을 나눔으로써 사고가 확장되고 발달에도 영향을 준다.

　발달은 '성숙(성장)'에 영향을 받는다. 연속적이고 순차적으로 이뤄지기에, 다섯 살 아이가 달리기를 아무리 잘한다고 해도 열 살 아이만큼 잘하기는 어렵다. 또한 일곱 살 아이가 피아노를 아무리 잘 친다고 해도 어른만큼 잘 치기는 어렵다. 신체가 성장하지 않았기 때문이다.

　아이는 섬세한 작업을 하거나 강한 활동을 하기 위한 크고 작은 근육이 아직 성장하는 단계에 있다. 성장조차도 유전적 요인이나 환경에 의해 다른 속도로 일어난다.

성장이 하루아침에 갑자기 이뤄지는 게 아닌 것처럼 발달도 연속적이고 순차적으로 일어난다. 아이들은 성장하고 학습하고 경험을 쌓아가며 발달해간다.

그러니 당장 내 아이가 다른 아이에 비해 능력이 떨어진다고 해서 걱정할 필요가 없다. 성장, 학습, 경험이 조금 더 필요한 것뿐이다.

부모가 꼭 기억해줬으면 하는 원리가 있다. 아이들은 각기 다른 속도로 발달한다는 것이다.

발달하는 영역과 속도가 개인마다 다르니, 같은 초등학교 1학년생이라도 어떤 아이는 말하기 능력이 뛰어나고 어떤 아이는 글쓰기 능력이 뛰어나다.

그러니 조급해하지 않아도 된다. 아이가 잘 발달할 수 있는 부분과 그렇지 않은 부분을 관찰하고 이끌어주기만 하면 된다.

✛ 직접적이고 구체적인 경험 ✛

발달에 가장 중요한 역할이 무엇인지를 두고 인지발달 이론으로 널리 알려진 스위스의 심리학자 장 피아제는 '경험'이라고 했다. 다양한 실험으로 풍부한 경험이 발달, 특히 인지발달에 영향을 준다는 결과를 증명하기도 했다.

피아제는 발달에 영향을 주는 경험을 '사회적 경험'과 '구체적이고 직접적인 경험'의 두 가지로 구분했다.

아이들은 타인과 상호작용하는 사회적 경험으로 발달한다. 친구를 비롯한 주변의 다양한 사람들과 상호작용을 하는데, 서로의 지식과 경험, 가치 등을 공유하고 비교하는 과정이다.

아이들은 새로운 정보 혹은 알고 있는 것과 다른 정보가 있을 때 받아들이거나 이해하고자 노력한다. 자연스럽게 지식의 폭은 확장되고 이해하기 위한 노력으로 발달이 일어나는 것이다.

아이에게 풍부한 경험을 제공하고자 할 땐 직접적이고 구체적인 게 좋다. 아이에게 식물의 성장을 설명한다고 하면, 말로 설명해줄 수도 있고 함께 책을 보면서 그림으로 설명해줄 수도 있다.

편리한 방법이긴 하나, 아이는 씨앗의 발아나 쌍떡잎식물 같은 용어를 완전히 이해하지 못한 채 외우거나 금방 잊어버리기 쉽다. 그러니 함께 씨앗을 발아시켜 직접 키워보면 어떨까. 씨앗 끝에서 뭔가가 자라나는 것과 씨앗을 심은 흙에서 두 개의 작은 잎이 자라나는 걸 직접 보면 쉽게 잊지 못할 것이다.

머리로만 알고 있던 이해의 폭과 깊이를 확장시킬 수 있다.

실패하고 또 실패해도 '오히려 좋아'

정도의 차이는 있겠지만 누구나 살면서 실패와 좌절을 겪는다. 아이도 마찬가지다. 성장은 실패와 함께한다고 해도 과언이 아니다.

걸음마를 배울 때나 훗날 뭔가를 배울 때 아이는 크고 작은 실패를 경험한다. 자라면서 행동과 경험의 종류가 다양해지고, 꼭 그만큼 실패도 경험하는 것이다. 특히 본격적으로 교육 현장에 들어가면서 보다 많은 도전과 함께 더 많은 좌절과 실패도 경험한다.

실패 경험에 따른 반응은 개인에 따라 천차만별이다. 일반적으로 실패는 부정적인 경험으로 다가오지만, 어떻게 받아들이느냐에 따라 학습이나 삶에 미치는 영향은 완전히 달라진다.

영화 〈엣지 오브 투모로우〉는 외계 종족에게 습격을 받아 멸망하기 직전의 지구가 배경이다. 지구에 침략한 외계인을 몰아내고자 전쟁을 계속 치러야 하는 상태다.

비전투 병과인 공보장교로 복무해온 빌 케이지 소령은 졸지에 참전하게 되었지만, 전투복을 어떻게 입어야 하는지조차 모른다. 참전 첫날, 외계인들의 무차별 공격과 인간과는 비교도 되지 않는 막강한 힘에 충격을 받는다. 그래도 열심히 싸워 보려 하지만, 외계인의 공격을 받아 무참히 죽고 만다.

눈을 떠보니, 다시 참전 첫날 아침이다. 어쩐 일인지 똑같은 하루가 반복되는 것이다. 케이지는 무슨 일인지 파악도 하기 전에 어제와 똑같은 상황으로 내몰린다.

공격을 받아 죽고, 죽을 때마다 똑같이 참전 첫날 아침에 눈을 뜬다. 그렇게 타임 루프에 빠져, 똑같은 하루를 계속 보내니 점차 적응하기 시작한다. 케이지는 이것저것 다양한 시도를 해보지만, 어떤 수를 써봐도 매번 실패한다.

그러던 중, 케이지는 자신과 같은 일을 겪었다는 전쟁 영웅 리타 브라타스키 중사를 만난다. 그녀는 상황에 대해 상세히 설명한 후 타임 루프가 가능한 케이지만이 인류의 유일한 희망이라며 그를 훈련시킨다.

엣지 오브 투모로우
Edge of Tomorrow, 2014

감독: 더그 라이먼
출연: 톰 크루즈, 에밀리 블런트 외

케이지는 리타와 함께 수백, 수천 번의 전투에 참여하지만 역시 매번 실패한다. 하지만 포기하지 않는다. 과연 케이지는 영원히 계속될 것 같은 실패를 이겨내고 지구를 지킬 수 있을까?

동명의 일본 라이트 노벨을 원작으로 2014년에 개봉해 호평을 받았지만 손익분기점을 넘기는 수준의 흥행에 그친 영화 〈엣지 오브 투모로우〉는 수준 높은 CG와 SF 밀리터리 타임 루프 장르, 그리고 죽어야만 더 강해진다는 카피가 인상적이다.

실패하면 다치거나 죽는 게 전투의 숙명이지만, 이 영화는 실패해도 괜찮다고 말해주는 것 같다. 다음에 또 기회가 있고 그다음에도 계속 기회가 있을 거라고 말이다. 다분히 상업적인 액션 어드벤처물이지만 굉장히 교육적인 함의를 지니고 있기도 하다.

케이지는 전투에서 계속 죽임을 당하며 실패를 경험하지만, 점차 경험이 쌓이고 능숙해지며 조금씩 더 오래 살아남을 수 있게 된다. 이처럼 실패 경험은 항상 부정적인 결과만 초래하는 건 아니다. '위기가 곧 기회'라는 말이 있듯, 실패 경험이 오히려 다음 과제를 수행할 때 도움을 줄 수 있다.

+ 실패 내성이 높은 아이의 세 가지 특성 +

아이가 학습 과정에서 불가피하게 겪는 실패 역시 학업 수행의 지속적인 도전이나 발전에 영향을 준다. 과거에는 실패가 부정적인 것으로만 인식되었다. 실패를 지속적으로 경험한 아이는 아무리 노력해도 안 된다는 무기력을 학습한다는 것이었다.

그러던 중 마가렛 클리포드가 '건설적 실패 이론(Constructive Failure Theory)'을 제안했다. 실패 경험이 아이에게 항상 무기력만 학습시키는 게 아니고 특정한 조건에선 오히려 긍정적이고 건설적인 활동을 촉진한다고 말이다.

실패 경험을 건설적인 태도로 반응하는 경향성을 '실패 내성'이라고 한다. 실패를 경험하고 무기력한 아이에게 성공 경험을 시키는 것도 좋지만, 그보다 더 효과적인 건 긍정적인 실패를 경험할 수 있도록 격려해 실패 내성을 길러주는 것이다.

실패 내성이 높은 아이는 세 가지 특성을 지니고 있다.

첫 번째는 과제 난이도에 보이는 태도다. 과제 수준이 높으면 실패할 가능성이 높다는 걸 알면서도 어려운 과제를 선택하고 도전한다는 것이다.

실패가 부정적인 것으로 인식되었던 과거에는 아이에게 실패보다 성공을 경험시키기 위해, 어려운 과제를 피하고 쉬운 과제만 부여해 잠재력을 개발시키지 못하고 낮은 성취에 머무는 결과를 초래하기도 했다.

두 번째는 실패 후에 보이는 감정적 반응이다. 실패를 건설적으로 받아들이는 만큼, 부정적인 감정이 나타나더라도 금방 긍정적인 감정으로 변화시킬 수 있다.

감정 조절이 중요한 이유는, 부정적인 감정 상태에 오래 머물수록 스트레스를 받고 무기력이나 우울감을 느끼기 쉬워 이후 적극적이고 건설적으로 반응하기 어렵기 때문이다.

마지막 세 번째는 실패 경험 후에 보이는 행동이다. 실패 내성이 높은 아이는 실패를 만회하고자 계획을 세우거나 방안을 마련할 가능성이 높다.

실패 내성에 대해 생각할 때마다, 김연아 선수가 떠오른다. 그녀를 두고 뛰어난 실력과 함께 항상 언급되는 수식어가 '강한 멘탈'일 것이다.

그녀도 인간이기에 대회에서 실수할 때도 있다. 대개의 경우 한 번 실수하면 이어지는 시간이 눈에 띄게 불안정하다. 반면 김연아 선수는 실수 후 부정적인 감정을 잘 조절하고 실수 이후의 기술들을 오히려 더 멋지게 성공해 높은 점수를 받곤 했다.

또한 대회가 계속될수록 더 높은 난이도의 과제를 선택했다. 한 대회가 끝난 후 그 경험을 바탕으로 다음 대회의 계획과 마음가짐을 갖고자 한다는 걸 여러 인터뷰에서 시사한 바 있다. 실패 내성이 높은 것이다.

＋ 아이의 실패 내성을 기르는 법 ＋

부모는 아이의 실패 내성을 어떻게 길러줄 수 있을까? 다수의 연구 결과에 따르면 실패 내성은 학년이 올라갈수록 낮아진다. 또한 남아가 여아보다 실패 내성이 높다는 연구도 있지만, 통계적인 차이는 명확하지 않다.

다만, 여아가 남아에 비해 감정 표현을 더 많이 하는 경향이 있어 부정적인 감정 반응은 느끼지만 오히려 실패 후 건설적인 행동이 더 많이 나타난다는 결과도 보고되었다.

많은 연구에서 말하는 공통점은 아이의 실패 내성에 부모의 영향이 크다는 것이다. 특히, 부모의 양육 태도는 아이의 실패 내성에 큰 영향을 끼친다.

아이가 부모에게 얼마나 수용적으로 받아들여지는지, 자율성과 독립성을 존중받는지, 관심과 대화로 정서적인 유대감을 느끼는지, 성취지향적이고 합리적인 태도를 보이는지 등이다.

그러므로 아이에게 충분한 애정을 주고, 자신의 일을 스스로 처리할 수 있도록 허용해 자율성과 독립성을 존중해주는 게 중요하다. 성취 의욕을 북돋는 것도 중요한 한편, 지나친 성취 압력은 아이에게 오히려 좌절감을 느끼게 할 수 있으니 주의해야 한다.

좌절이 오히려
아이를 강하게 한다

어느 부모라도 아이가 상처를 받거나 좌절을 겪지 않길 바랄 것이다. 하지만 불가능한 일이다. 인간은 누구나 크고 작은 상처를 받고 좌절을 겪는다.

아이는 세상에 적응해 살아가며 예상치 못한 변화에 마주해 당황하거나 계획한 바가 뜻대로 되지 않는 등의 무수한 좌절을 경험할 것이다.

아이는 만 1세 전후 걷기 연습을 하면서부터 생애 첫 좌절을 경험한다. 마음대로 되지 않는 상황을 경험하고 스트레스를 느낀다.

부모가 나서서 아이가 걸어가는 길 위의 장애물이나 위험 요소를 제거해주거나 아이의 손을 잡아 넘어지지 않게 해줄 순 있겠지만, 아이가 겪을 근본적인 좌절을 막을 순 없다.

또한 본격적으로 공부를 시작하고 학교에 다니기 시작하면서, 가정에서 겪은 것과는 차원이 다른 좌절을 경험한다. 공부를 잘하는 아이, 그렇지 않은 아이도 마찬가지다.

동일한 상황에서 어떤 아이는 잘 대처하거나 대수롭지 않게 넘기는 반면, 어떤 아이는 상처를 크게 입는다. 무슨 차이일까. 프랑스의 발달심리학자 디디에 플뢰는 그 차이가 좌절에 대처하고 극복해 나가는 힘에 있다고 하면서, '회복탄력성(resilience)'이라고 정의했다.

회복탄력성은 스프링을 손으로 힘껏 눌렀다가 떼면 다시 제자리로 돌아가려는 것이나 오뚝이를 아무리 쓰러뜨리려 해도 다시 일어나는 것 같은 탄력성에서 유래한 용어다. 실패나 좌절, 스트레스 등의 상황을 마주할 때 잘 견뎌내고 다시 원상태로 회복되는 능력을 말한다.

연구 초기에는 역경이나 힘든 상황을 딛고 일어나는 힘이라고만 규정했지만, 최근에는 도전적인 상황을 미리 대처하고 준비하는 능력까지 포함한다.

좌절의 경험은 아이가 피해야 할 대상이 아니라 마주하고 부딪혀 스스로 이겨내야 할 대상이다. 회복탄력성이 좋은 아이는 단순히 좌절을 빨리 극복하는 것에만 그치는 게 아니라 상황에 대처하고 해결하는 능력도 함께 길러진다.

좌절이 오히려 아이를 강하게 한다.

영화 〈언어의 정원〉은 좌절을 겪고 앞으로 나아가지 못하고 있는 선생님 유키노 유카리와 아무도 인정해주지 않음에도 구두 장인이 되고 싶어 조금씩 준비하며 앞으로 나아가고 있는 고등학생 아키즈키 타카오의 이야기를 담았다.

타카오는 비가 오는 날 아침이면 학교에 가지 않고 공원으로 가서 구두 디자인을 연습한다. 그러던 어느 날 비 오는 아침 그곳에서 정장 차림의 여성, 유키노를 만난다. 한동안의 장마로 비가 계속되던 여름, 그들은 매일 아침 공원에서 만나 서로를 알아간다.

친절하고 좋은 선생님이었던 유키노는 불량학생 무리의 괴롭힘과 악의적인 소문으로 좌절에 휩싸여 있다. 학생과 학부모는 그녀를 믿어주지 않고, 학교에선 그녀에게 책임을 물어 조용히 덮으라고만 한다. 남자친구마저 그녀를 더 이상 믿지 못하고 떠나버렸다.

결국 유키노는 그녀를 둘러싼 상황과 갈등을 견디지 못하고 더 이상 학교에 나가지 못하게 되었다. 매일 아침 출근하고자 정장을 차려입고 구두를 신었지만, 지하철역에서 발길이 떨어지지 않아 학교로 향하지 못하고 집 앞 공원으로 향했던 것이다. 앞으로 나아갈 힘을 잃었다.

비단 유키노의 문제만은 아니다. 아이도 스트레스 상황에 마주

언어의 정원
The Garden of Words, 2013

감독: 신카이 마코토
출연: 이리노 미유, 하나자와 카나 외

하면 반드시 행동으로 나타난다. 이유 없이 두통이나 복통을 호소하거나, 손톱 물어뜯기, 대소변 실수, 악몽을 꾸거나 불면증을 겪는 경우가 있고, 수면이 과도하게 많아지거나 말수가 적어지기도 하며, 징징대거나 과도하게 걱정하거나 공격성을 보이는 형태로도 나타날 수 있다. 유키노의 경우 대인기피 증세로 출근에 어려움을 느꼈으며 과도한 불안과 미각 상실 증세를 보였다.

〈언어의 정원〉은 신카이 마코토 감독의 네 번째 장편 애니메이션으로, 일찍이 '작화의 신'으로 불린 면모를 완벽하게 내보였다. 이 작품을 기준으로 그의 필모그래피는 크게 바뀌는데, 이전까진 현실을 있는 그대로 받아들이는 쪽이었다면 이후에는 현실을 바꾸고자 하는 쪽으로 나아간다. 본인이 직접 밝힌 바, 2011년 동일본 대지진이 작품에 절대적인 영향을 미쳤다.

감성적으로든 작풍적으로든 마냥 아름답기만 한 것 같은 이 작품은 논란의 여지가 없을 수 없었다. 비록 이뤄지진 않았지만 사제지간의 사랑이 주된 내용이었으니 말이다.

그렇지만 선생님 유키노에게 학생 타카오는 이성적인 사랑의 대상 이전에 스스로를 일으켜 세우는 데 순수한 지지와 믿음을 주는 대상이었을 것이다.

+ 좌절한 아이를 위한 회복탄력성 기르기 +

스트레스는 반드시 외적으로 나타나기에 부모는 아이의 행동에 관심을 갖고 눈여겨봐야 한다. 아이가 외적으로 스트레스 신호를 보낼 때 부모의 반응은 크게 두 가지로 나뉠 것이다.

첫 번째는 아이의 좌절과 스트레스는 알아챘지만, 위로하면 아이가 나약해질까 봐 혹은 어떻게 위로해줘야 할지 몰라 그냥 두는 게 최선이라고 생각하고 가만히 두는 경우다. 두 번째는 아이가 좌절을 느끼는 것 자체에 불안함을 느껴 즉각 나서서 해결해주는 경우다. 둘 다 좋지 않다.

그렇다면 아이가 좌절을 겪었을 때, 어떻게 대처해야 할까. 어떻게 대처해야 아이의 회복탄력성을 길러줄 수 있을까.

첫째, 부모는 해결사가 아니라 조력자여야 한다. 아이가 보내는 신호를 바로 알아채고 반응하는 건 중요하다. 하지만 문제를 대신 해결해줘선 안 된다.

넘어진 아이의 손을 잡아 일으켜주라는 것도 아니다. 아이가 자신의 문제를 스스로 극복해 나갈 수 있도록 도와주라는 것이다. 안전망이 되어주는 것이다. 아이가 넘어져도 두려워하지 않고 혼자 일어나 걸어갈 수 있도록 말이다.

부모가 정서적인 지지와 유대감을 줄 때 아이는 안전망이 있다고 느낀다. 인간은 누구나 자신을 지지하는 사람이 있을 때 좌절을 견뎌낼 수 있다.

둘째, 아이가 작은 도전들을 경험할 수 있게 하자. 작은 도전들은 실패한다 해도 아무런 해를 주지 않는다. 처음 하는 경험에 도전해보는 것도 좋다. 사소한 것이어도 좋다. 물건을 직접 고르고 사게 하거나, 식당에서 직접 주문을 하게 해보라. 운동이나 체험을 새로 해보는 것도 좋겠다.

처음 해보는 것이니 잘하지 못해도 좌절하지 않을 것이다. 작은 도전에서의 성공 경험이 쌓이면 불안은 점차 줄어든다. 새로운 상황에서 당황하거나 스트레스를 받는 것도 줄어들 것이며, 좌절의 상황이 닥쳤을 때 스스로를 믿고 이겨낼 수 있을 것이다.

셋째, 실수나 실패는 언제든 일어날 수 있다는 걸 알려주자. 실수나 실패는 누구에게나 일어날 수 있으며 그 때문에 좌절이나 실망감, 스트레스를 받을 수 있다. 지극히 자연스러운 일이다.

아이가 느끼는 감정도 금방 지나갈 거라고 안심시켜주는 게 필요하다. '중요한 건 꺾이지 않는 마음'이라는 말도 있지 않은가. 중요한 건 새로운 상황에 마주하고 도전하고 부딪혀봤다는 사실 그자체다.

만약 아이가 어떤 상황에 크게 불안을 느끼면, 함께 대처하는 연습을 해보는 것도 좋다. 좌절의 상황이 왔을 때를 예상해보고 대처하는 방법을 생각해보도록 하는 것이다. 미리 예상해보는 것만으로도 좌절의 상황에서 받는 스트레스를 크게 줄일 수 있다.

아이를 교육하는 가장 큰 이유는 공부를 잘하게 하기 위해서나 좋은 학교에 입학시키기 위해서가 아니다. 사회의 일원으로 삶을 행복하게 영위할 수 있도록 하려는 것이다.

그러니 아이가 좌절을 겪지 않도록 장애물을 치워주거나 넘어진 아이를 일으켜주는 게 능사가 아니라, 아이가 스스로 툭툭 털고 일어날 수 있는 힘을 길러줘야 한다.

[오뚜기처럼 일어날 수 있는 힘, 그릿(Grit)]

미국 육군사관학교 웨스트포인트는 입학 전형이 까다롭기로 유명하다. 아주 높은 SAT 성적과 고등학교 성적은 물론, 체력 평가에서도 높은 점수를 받아야하며 리더십 항목도 반영한다. 하원 의원 이상의 추천서도 필요하다. 치열한 경쟁률을 뚫고 매해 1,200명 정도가 입학한다. 지성뿐만 아니라 뛰어난 신체 능력과 리더십을 겸비한 슈퍼 우등생들이다. 그러나 입학생 다섯 명 중 한 명은 졸업 전에 자진 퇴교한다. 고된 일과와 엄격한 규율, 집중 훈련을 버티지 못한 것이다. 놀라운 건 입학 시 최고점을 받은 학생이나 최저점을 받은 학생의 중도 탈락률이 비슷했다는 점이다.

그들이 중퇴를 선택한 건 재능이나 능력이 부족해서가 아니었다. 끝까지 버텨내는 학생과 중간에서 그만두는 학생 간의 차이점은 무엇이었을까.

펜실베이니아대학교 심리학과 교수인 앤절라 더크워스는 그 비밀을 '그릿'에서 찾았다. 장기적인 목표 달성을 위한 열정과 끈기로 정의되는 그릿은 성장에의 믿음(Growth Mindset), 회복탄력성(Resilience), 내적 동기(Intrinsic Motivation), 끈기(Tenacity)의 앞글자를 따서 만든 단어다.

상황적인 어려움에도 포기하지 않고 끝까지 버티는 힘인 그릿은 흥미 유지와 노력 지속이라는 두 가지 요인으로 구성된다. 흥미 유지는 목표를 달성하고자 관심을 얼마나 유지할 수 있는가이며, 노력 지속은 긴 시간에 걸쳐 노력을 기울이는가다.

그릿이 높은 아이들은 자신이 하는 일을 진심으로 즐기는 열정과 관심이 있다. 그리고 현재의 상태보다 나아지려고 매일 노력하는 끈기가 있다. 좌절의 상황에서도 계속 앞으로 나아가는 희망이 있다. 마지막으로 자신이 왜 공부를 하는지와 명확한 목표를 가지고 있다.

아이의 그릿을 키워주려면 스스로 끝까지 해낼 수 있는 자신감과 확신을 갖도록 해야 하며, 이루고 싶은 명확한 목표를 세우도록 도와줘야 한다. 부모의 믿음과 존중으로부터 시작되며 부모의 바른 교육관으로 구체화된다.

아이의 감정지능을 발달시키는 법

라일리 앤더슨은 쾌활한 열한 살 소녀다. 그녀는 아버지의 사업 때문에 어느 날 갑자기 샌프란시스코로 이사를 간다. 새로운 집은 왠지 마음에 들지 않고, 피자집에선 가장 싫어하는 브로콜리 피자만 판다. 익숙하지 않은 동네에 친구도 없다. 라일리는 정든 옛 동네와 친구들이 그립기만 하다.

라일리가 살았던 미네소타에선 추운 겨울에 가족과 함께 꽁꽁 언 호수에서 스케이트를 자주 탔다. 그녀는 스케이트를 좋아하고 아이스하키를 가장 좋아한다. 반면 샌프란시스코는 따뜻한 도시인만큼 라일리가 겪은 환경의 변화는 단순한 이사 이상이었다.

라일리는 새로운 곳에서 적응해보려 노력하지만 쉽지 않다. 이 삿짐도 다른 곳으로 가버려 아직 오지 않았고, 부모님은 부모님

진짜 나를 만날 시간

인사이드 아웃 Inside Out, 2015

감독: 피트 닥터
출연: 에이미 폴러, 빌 헤이더 외

대로 바쁘고 정신이 없어 라일리에게 신경을 써주기 어렵다. 학교에서도 새로운 친구들을 다시 사귀어야 한다. 좋아하는 아이스하키를 계속할 수 있을지도 잘 모르겠다. 큰 변화가 너무 갑작스럽고 불안하다. 스트레스가 된 것 같다.

〈인사이드 아웃〉은 픽사 애니메이션 스튜디오의 열다섯 번째 작품으로, 2010년대 초반 미묘한 침체기를 겪으며 전성기가 끝난 게 아니냐는 말까지 나왔을 때 픽사를 구원한 애니메이션이다. 월드 박스오피스에서 큰 성공을 거둔 건 물론이고 2015년 당해연도 최고의 영화로 세간에 이름이 오르내렸다.

내 감정이 어떤 모습을 하고 있을지 궁금하지 않을 사람은 없지 않을까 싶은데, 막상 상상하려면 쉽지 않다. 그런데 이 영화는 감정이라는 무형의 그것을 구체적이면서도 신선하게 그려냈고 그들의 모험을 흥미진진하게 보여줬다.

무엇보다 '슬픔'이라는 부정적인 감정을 더할 나위 없이 소중한 존재로 자리매김시켰다. 슬픔의 감정 덕분에 라일리는 자아를 회복하고 성장할 수 있었으니 말이다.

+ 아이도 스트레스로부터 자유로워야 한다 +

아이도 스트레스가 많다. 어린 게 무슨 스트레스냐고 하겠지만, 오히려 어리기 때문에 스트레스가 많다. 아동·청소년기는 일생에서 가장 급격한 성장과 발달을 경험하는 시기다. 아이는 성장과 발달에 맞춰 적응해 가는 데 큰 에너지가 필요하다.

아이가 겪는 스트레스는 어른의 그것과 크게 다르지 않다. 친구나 선생님 등과의 인간관계, 공부와 성적, 새로운 환경에 적응하기 등이 모두 스트레스일 수 있다. 어른이 경험적으로 스트레스 상황을 극복할 방법을 어느 정도 터득했다면, 아이는 경험이 부족하기에 더 큰 부담을 느낀다.

스트레스가 장기적으로 지속되면 뇌의 활동을 방해한다. 스트레스는 정신에 압박을 주는 불안한 감정이다. 그래서 공부와는 떼려야 뗄 수 없는 관계인 듯하지만, 스트레스가 지속되면 공부를 잘할 수 없다.

큰 스트레스는 뇌의 기억 담당 부분을 손상시키기도 하고, 스트레스를 처리할 때 많은 에너지가 쓰여 집중력과 사고력이 저하될 수 있다. 즐거운 기분일 때 훨씬 더 잘 배울 수 있는 것이다. 스트레스로부터 자유로워지는 게 아이를 건강하게 하는 길이며, 감정을 어떻게 다스리는지에 달렸다.

〈인사이드 아웃〉을 보면 라일리의 머릿속에는 기쁨이, 슬픔이, 소심이, 까칠이, 버럭이가 살고 있다. 이 감정 친구들은 라일리의 감정본부에서 각각의 역할을 하며 기억과 행동을 만들고 궁극적으로 라일리가 행복하게 살 수 있도록 한다.

기쁨이는 기쁨과 긍정적인 사고를 담당하고, 소심이는 라일리를 안전하게 보호하고자 위험 요소들을 발견하고 걱정하는 역할을 한다. 까칠이는 맛없는 음식이나 나쁜 친구들로부터 보호하기 위해 구분하는 일을 하고, 버럭이는 라일리가 불공평한 일을 겪거나 공격당하는 상황을 담당한다. 슬픔이는 슬픈 감정을 담당한다.

이사 후 새로운 곳에서 적응하려는 라일리를 위해 감정 친구들은 열심히 각자의 일을 하지만, 리더 기쁨이는 슬픔이의 역할을 이해할 수 없다. 슬픔이가 일을 하면 슬픔 감정이나 슬픈 기억이 생겨나니 말이다.

라일리를 행복하게 해주고 싶은 기쁨이는 급기야 슬픔이가 아무것도 하지 못하게 한다. 둘은 실랑이를 벌이다가 함께 감정본부에서 이탈하고 만다.

기쁨이와 슬픔이가 사라진 감정본부는 비상 상황이다. 라일리의 머릿속에 감정본부와 연결된 가족, 우정, 정직, 아이스하키 등 주변의 섬들이 하나씩 작동을 멈추고 무너지기 시작한다.

그러자 라일리에게 큰 변화가 찾아온다. 제대로 생활하기가 어려워진다. 가장 좋아하던 아이스하키를 잘하기가 쉽지 않고, 사랑하는 부모님께 모난 말을 하기 시작한다. 친구를 좋아하고 밝고 쾌활한 라일리였지만, 친구를 사귀는 일도 쉽지 않다.

머릿속이 뒤죽박죽이고 모든 게 마음에 들지 않는다. 아이의 감정을 가장 먼저 살펴야 하는 이유를 잘 보여준다.

+ 감정지능이라는 것 +

감정을 스스로 조절할 수 있는 능력을 '감정지능' 혹은 '정서지능(Emotional Intelligence)'이라고 한다. 감정지능은 감정을 이성적으로 처리하고 조절하는 능력을 말하는데, 자신과 타인의 감정을 점검하고 변별하며 생각하고 행동하는 데 그 정보를 이용할 줄 아는 능력이다. 즉 감정을 잘 조절한다는 건 감정지능이 높다는 말이다. 단순히 자신의 감정뿐만 아니라 타인의 감정도 잘 이해하고 공감하는 걸 포함한다.

감정지능이 높은 아이는 분노, 흥분, 우울, 불안, 충동 등의 부정적인 감정들을 잘 다스릴 수 있기에 스트레스 상황을 잘 극복한다. 실패나 좌절에 낙담하고 포기하지 않고 다시 일어나 도전할 힘이 있다.

공부할 때도 마찬가지다. 여러 방법을 시도해보며 실패해 좌절할 때도 있겠지만, 오히려 실패와 좌절을 동력 삼아 수정을 반복하며 자신만의 방법을 찾아간다. 자기조절을 성공적으로 해낸 경험들은 아이의 자존감을 높인다.

한편 감정지능은 사고, 추리, 문제해결 등 창의 영역의 활동처럼 감정을 활용하는 능력과도 관련이 깊다. 유연하고 창의적인 사고 또한 마찬가지다. 그래서 감정지능이 높은 아이는 새로운 걸 받아들일 때 유연하게 대처할 수 있기에 적응력이 뛰어나다. 감정을 이해하고 공감하는 능력 덕분에 사회성도 잘 발달하며, 갈등을 조절하고 협력하는 능력과 리더십도 생긴다.

+ 아이의 감정지능을 발달시키는 법 +

아이의 감정지능은 어떻게 발달시킬 수 있을까. 기질적으로 감정지능이 탁월한 아이도 있지만, 후천적으로도 충분히 발달 가능하다. 부모가 큰 역할을 할 수 있다.

아이의 감정지능을 발달시키기 위해 부모가 도움을 줄 수 있는 방법이 세 가지 있다.

첫 번째는 아이 스스로 감정을 잘 인식하게끔 도와주는 것이다. 많은 부모가 부정적인 감정에 부정적이다. 아이가 언제나 행복했으면 하는 마음에 화, 슬픔 등의 부정적인 감정들을 은연중에 부정한다.

슬픔이를 원에 가두고 나오지 못하게 하는 기쁨이처럼 말이다. 물론 라일리가 언제나 행복하고 기쁘기만 하면 좋겠다는 마음에서다. 그래서 부모는 아이가 슬퍼서 울거나 화를 내면 "뭘 그런 것 가지고 그래?"라거나 "그게 울 일이야?" 또는 "그게 화낼 일이야?"라고 말한다.

아이는 부모가 자신의 감정을 부정하거나 별일 아닌 듯 회피하며 넘어가면 혼란스럽다. 슬퍼서 우는데 울 일이 아니라면 어떻게 해야 하는지, 화가 나는데 아무것도 아니라고 하면 이 감정은 무엇인지 알 수 없게 되는 것이다.

이런 상황이 반복되면, 아이는 자신이 느끼는 감정을 표현하면 안 된다고 생각한다. 나아가 부정적인 감정 자체가 좋지 않은 거라고 인식해 억누른다.

기쁨뿐만 아니라 슬픔이나 화, 짜증, 두려움 모두 아이의 성장을 위해 꼭 필요한 감정들이다. 표현방식에 문제가 있을 순 있겠지만, 감정 자체는 지극히 자연스럽고 또 필요하다. 표현방식을 고치는 건 차치하고, 우선적으로 해야 할 일은 아이가 스스로 감정 자체를 인식하도록 하는 것이다.

두 번째는 타인의 감정을 공감하고 이해할 기회를 주는 것이다. 부모 역시 인간인지라 화도 나고 짜증도 난다. 그런데 많은 부모가 자신의 화나 짜증, 걱정을 아이에게 보여주고 인정하는 걸 꺼린다. 문제는 인정하지 않으면서 티는 난다는 것이다.

이를테면 "엄마 화 안 났어!" 하면서도 목소리와 표정에 이미 화가 잔뜩 나 있고, "엄마는 하나도 걱정 안 돼!" 하면서 이미 걱정과 불안이 가득하다. 그럴 때 아이는 감정을 이해하기 어렵다. 가장 가까이서 감정을 느끼는 타인이 부모인데, 느껴지는 감정과 부모의 반응이 다르니 말이다.

부모 역시 자신의 감정을 솔직하게 인정하고 수용해야 한다. 감정 자체는 나쁜 게 아니다. 어떻게 다스리는지가 중요하다. 그런 모습을 보면서 아이도 감정 다스리는 법을 배운다.

저녁마다 가족이 둘러앉아, 오늘 엄마 아빠는 무슨 감정을 느꼈는지 그래서 어떻게 했는지 하루의 감정을 나눠보는 시간을 갖는 것도 좋다.

함께 책이나 영화를 보며 등장인물들의 감정을 얘기해보는 것도 도움이 된다. 인물들이 느낀 감정과 표현방식을 들여다보고 입장 바꿔 생각해보게끔 하는 것이다. "이럴 때 주인공은 어떤 기분일까? 너라면 어떻게 할 것 같아?" 하는 식이다.

마지막으로 부모는 공감 바탕의 정서적 안전지대가 되어야 한다. 아이에게 부모는 가장 기초적이면서도 절대적인 안전지대다. 안전지대에서 아이는 자유롭게 생각하고 표현할 수 있다. 부모는 아이가 생각과 감정을 안전하게 또 마음껏 표현할 수 있는 대상이 되어야 한다.

부모가 정서적 안전지대려면 우선 아이가 대화할 수 있는 대상이어야 한다. 아이가 불편한 감정을 느낄 때 가장 먼저 대화할 수 있는 상대가 부모라는 믿음이 필요하다.

하여 부모는 아이의 말을 잘 경청하고 수긍해야 한다. 아이가 하고 싶은 대로 놔두거나 동의하라는 게 아니라 공감해주라는 것이다.

예를 들어 소시지만 먹고 싶어 하는 아이에게 소시지 반찬만 주는 부모는 없을 것이다. 영양소를 골고루 섭취해야 한다는 걸 알고 있기 때문이다. 하지만 아이가 소시지 반찬만 먹고 싶어 하는 마음을 이해할 수는 있다.

공감이란 그런 것이다. 영양가가 풍부한 다른 반찬을 권하거나 편식하면 안 된다는 말은 그다음이다. 수긍과 공감이 먼저다. 수긍하지 않으면 대화와 소통이 어렵다. 우선 수긍을 하면 대화가 열린다.

[감정소통 부모 유형]

축소형

아이의 감정을 무시하거나 축소한다. 부정적인 감정은 독이 된다고 생각해 빨리 없애려 한다. 아이는 자신의 감정을 부적절한 것으로 인식한다.

◦ "너 지금 슬픈 거 아니야. 뭘 그런 걸로 슬퍼해? 원래 다 그런 거야."

억압형

감정의 원인과 상관없이 부정적인 감정은 표출해선 안 된다고 훈계한다. 아이는 감정이나 의견 표현을 어려워한다.

◦ "왜 별것도 아닌 일에 울어? 당장 뚝 그쳐!"

수용형

아이의 모든 감정을 수용하며 감정을 분출하면 모든 게 해결된다고 믿는다. 아이는 감정의 진정이나 조절을 어려워한다.

◦ "친구가 화나게 해서 때렸구나. 화가 날 땐 화도 내야지, 잘했어."

코치형

아이의 모든 감정을 수용하지만 행동에는 제약을 둔다. 감정 조절이나 문제 해결 방법을 제시하거나 아이와 함께 찾아본다.

◦ "정말 화가 났구나. 하지만 친구를 때리는 건 좋은 방법이 아니야. 네가 화가 났다는 걸 친구에게 어떻게 표현하는 게 좋을지 생각해볼까?"

아이는 친구와
노는 시간이 필요하다

초등학교 4학년생인 선이는 밝은 성격으로 집에서 엄마와도 동생과도 잘 지내지만, 반 친구들과는 잘 어울리지 못하는 것 같다. 친구들 사이에서 겉도는 것 같고, 친한 친구도 없어 보인다. 짝을 지어야 하는 체육 시간에도 늘 마지막까지 남는다. 친구들과 친하게 지내고 싶은데, 인사하는 것조차 어색하기만 하다.

영화 〈우리들〉의 주인공 선이의 이야기다. 다행히 선이는 방학식 날 방과 후에 전학 온 지아와 친구가 된다. 둘은 함께 아주 즐거운 여름방학을 보낸다. 선이의 여름방학은 그 어느 때보다 행복하고 즐겁다. 매일같이 지아와 함께 보낸 이야기를 엄마에게 조잘거린다. 가끔 다투기도 하지만 금세 풀어진다.

하지만 여름방학 이후 개학한 학교에서 지아는 새로운 친구들

우리들 The World of Us, 2016

감독: 윤가은
출연: 최수인, 설혜인, 이서연 외

을 사귀면서 선이를 멀리하기 시작한다. 화난 게 있는지 물어보기도 하고 선물도 건네보지만, 지아는 선이에게 차가울 뿐이다.

갑자기 멀어진 관계로 선이는 상처를 받는다. 유일한 친구인 지아와의 관계가 풀리지 않자, 선이는 학교에서도 집에서도 좀처럼 집중할 수가 없다.

〈우리들〉은 윤가은 감독의 장편 연출 데뷔작이라고 믿기 힘든 만큼 아이의 세계를 완벽하게 표현해 국내외에서 극찬을 받았다. 거장 이창동 감독이 기획 총괄을 맡아 개봉 전부터 화제를 뿌렸다. 영화 감상 방법 알기의 일환으로 초등학교 4학년 국어 교과서에 실리기도 했다.

그동안 아이의 세계는 굉장히 추상적으로 그려졌고 또 타자화

될 수밖에 없었다. 어른인 '우리들' 입장에서 '그들'은 아직 인간이 덜 된 비성숙한 존재이니 말이다. 그런데 이 작품으로 그들, 즉 아이들의 세계가 어른들의 세계로 편입되었다. 아이도 어른과 다름 없이 관계에서 좌절하고 상처받는다. 사소한 것에 흔들리다가 또 쉽게 좋아진다. 간절하게 바라다가 허무하게 미끄러진다.

어른의 세계는 아이의 세계의 연장선상인 것이다.

+ 아이의 발달 과정에서 친구의 역할 +

학교에 입학하거나 새 학기가 시작되면 아이의 가장 큰 걱정거리이자 관심사는 단연코 '친구'다. 친구를 사귀지 못할까 봐, 친구와 다른 반이 되어서, 혹시 따돌림을 당하면 어쩌지 하는 다양한 걱정들로 마음이 편하지 않다. 부모 역시 그렇다. 내 아이가 친구를 잘 사귈 수 있을까 하는 걱정으로 밤잠을 설친다.

초중고생을 대상으로 걱정에 관해 조사한 결과에 따르면 가장 많은 응답이 친구 문제였다. 특히 초등학생의 경우 친구 문제의 비중이 가장 높았다. 아동기에는 부모 주변인들의 아이가 자연스럽게 아이의 친구로 연결되는 등 부모에 의해 친구가 만들어지는 경우가 많지만, 초등학교에 들어가서부턴 본격적으로 아이가 스스로 친구 관계를 만들어간다.

아이에게 친구는 발달 과정에서 매우 중요한 역할을 한다. 부모를 중심으로 한 가족 위주의 인간관계가 타인으로 확장되는 것이다. 또한 초등학교에 들어가기 이전까지 주로 어른과의 관계를 중심으로 수직 관계를 경험했다면, 초등학교에 들어가면서는 또래 친구와의 수평 관계를 경험한다.

관계에 있어서 배려와 보살핌을 받는 역할이었다가 친구를 사귀면서 배려를 하는 역할도 경험하는 것이다. 아이에게 친구는 수평 관계를 통해 '나와 비슷한' 사람의 관점을 이해하게 하며 수직 관계에선 습득하기 어려운 사회성도 발달시킨다. 또한 이 시기의 친구 관계에서 자기정체성을 확립하니 더없이 중요하다.

청소년기의 친구는 혼란스러운 변화와 성장의 시기를 함께하는 동료이기도 하다. 이전에는 부모에 한정되었던 정서적인 안전 기지의 역할이 친구에게로 이동하거나 확장되는 것이다.

✛ 친구 문제에 봉착한 아이를 위해 부모가 할 일 ✛

아이가 처음 마주하는 친구에게 다가가기 어려워하는 가장 큰 이유는 '거절당하면 어쩌지' 하는 불안 때문이다. '내가 인사했을 때 안 받아주면 어떡하지?' '나는 얘랑 놀고 싶은데 싫어하면 어떡하지?' 등과 같이 말이다.

불안감을 줄이고자, 아이와 함께 친구와 처음 마주하는 상황을 미리 연습해보는 게 도움이 된다. 아이와 함께 새 학기, 새로운 친구를 만났을 때를 상상해보고, 실제처럼 인사나 소개하는 말과 행동을 주고받아본다. 몇 번 연습을 하다 보면, 어색하고 긴장되는 상황에서 친구에게 다가가는 게 조금 편해질 것이다.

수줍음이 유독 많은 아이라면 막상 친구 앞에서 입이 잘 떨어지지 않아 말하기가 어려울 수도 있다. 그럴 땐 말 대신 행동으로 표현하게 하는 것도 도움이 된다. 작은 사탕 등을 준비해 슬쩍 건네게끔 하는 것이다.

가장 중요한 건 아이가 용기를 갖도록 하는 것이다. 여기서 가장 중요한 건 역시 부모다. 부모와의 애착 관계가 대인 관계의 기초다. 부모가 사랑을 충분히 표현하고 채워주면 정서적 안정감이 생긴다.

정서적 안정감은 자신감과 용기의 바탕이다. 정서적 안정감이 부족하면 대인 관계에서 위축되거나 부정적인 감정을 가질 수 있다. 아이가 자신감과 용기를 충분히 가질 수 있도록 안정적이고 풍부한 사랑을 줘야 한다.

아이가 친구 문제에 대해 얘기하면 긍정적인 신호다. 아이가 잘 성장하고 있다는 증거이며 부모에게 얘기할 수 있는 분위기와 부모에 향한 신뢰가 형성되었다는 의미다. 부모가 나를 이해해주고 내 편이 되어주며 무조건 지지해줄 거라는 신뢰가 있는 것이다.

이때 아이의 얘기를 진지하게 들어주며 충분한 공감과 함께 위로와 격려를 해주는 게 좋다. 만약 친구와 갈등을 겪고 있다면 대화를 통해 아이 스스로 문제를 파악하고 해결 방법을 생각해볼 수 있게 도울 수도 있다.

하지만 아이가 친구 문제를 얘기했을 때 대수롭지 않게 여기거나 무시하면 아이는 부모에게 마음을 닫아버릴 수 있다.

어른도 인간관계가 가장 어렵듯 아이도 그렇다. 학교가 놀려고 가는 곳은 아니지만, 공부만 하러 가는 곳도 아니다. 학교에서 친구를 만나 노는 건 아이에게 매우 중요한 일이다.

친구와 함께
더 넓은 세상으로 나아간다

앳된 티가 가득한 중학교 1학년생 송희, 연우, 소정은 사진 동아리 '빛나리'의 부원이다. 전학 온 시연이 빛나리에 가입해 동아리방을 찾아갔는데, 영 어색하기만 하다. 떨어진 렌즈를 찾는 친구들에게 다가가 불빛을 비춰주며 도움을 주니, 소정이 시연의 옆에 앉아 이 것저것 묻고 답하며 이내 친구 사이가 된다.

자연스럽게 친구가 된 빛나리 부원들은 선생님이 여름방학 숙제로 내준 '세상의 끝을 사진으로 찍어오기'를 함께 고민한다.

"세상의 끝은 어디로 가서 어떻게 찾을 수 있을까?" 집에서 멀리 나가본 적도 없고 막연한 두려움도 있지만, 친구들과 함께 세상의 끝을 찾으러 떠나보기로 한다.

영화 〈종착역〉은 열네 살 중학생이 되며 '어린이'라는 타이틀을

종착역 Short Vacation, 2021

감독: 권민표, 서한솔
출연: 설시연, 배연우, 박소정, 한송희,
나도율 외

던져버리고 '청소년'의 길로 들어서는, 인생의 한 챕터가 끝나는 시기이자 다음 챕터가 시작되는 시기의 오묘한 느낌을 담았다. 짧은 휴가 같은 그때, 친구는 어떤 의미일까? 함께 세상의 끝으로 향하는 기분은 어떨까?

열네 살 동갑내기 네 친구가 세상의 끝을 찾아가 사진을 찍어 오는 건 결코 간단한 일이 아니었다. 여정도 여정이고 세상의 끝도 끝이지만 네 친구가 따로 또 같이 고민하고 걱정하며 스트레스 받고 있는 사항들은 누구에게도 내보이기 쉽지 않기 때문이다. 그런 와중에 함께 길을 나서니 다양한 일을 겪으며 자연스레 자신의 이야기를 건네고 타인의 이야기를 건네받는다.

아이에게 친구는 어떤 의미일까? 가족도 아닌데다가 나와 비슷하지만 완벽하게 타인인 또래 친구는 난생처음 만나 인사를 나누고 친해지면 어느덧 감정을 나누는 특별한 사이가 된다. 가족이 전부였던 아이의 인간관계는 사회 속으로 들어가며 친구, 선생님, 이웃까지 확장된다.

그중에서도 또래 관계는 사회성 발달의 기본으로 아이에게 매우 중요하다. 사회성은 상호 주고받음이 가능한 평등 관계에서 발달하기에, 수직 관계인 부모나 선생님보다 또래 친구와의 관계가 훨씬 더 중요하다. 아이는 친구와 우정과 배려, 사랑, 갈등, 싸움, 화해 등 행동과 감정들을 주고받으며 사회성을 발달시킨다.

사회의 일원이라는 개념이 만들어지고 자신이 속한 사회에서 공인된 언어나 사고, 감정이나 행동 등을 학습하며 타인과 건전한 사회생활을 할 수 있는 성향이 사회성이다.

사회성이 발달하면 자신의 말이나 행위가 타인에게 어떤 영향을 주는지 생각하고 조절할 수 있다. 또한 타인과 소통하고 즐거움을 나누고 친구를 사귀고 사회적 활동을 즐길 수 있도록 한다.

반면 사회성이 결여되면 사회의 일원으로서의 개념이 잘 만들어지지 않아, 나만 생각하는 사람이 되기 쉽고 또 타인과 소통하고 어울리는 걸 힘들어하거나 새로운 환경에 적응하는 걸 어려워할 수 있다.

대개 아이가 초등학교에 입학할 즈음 부모는 아이의 공부보다 친구 관계를 더 걱정한다. '아이가 친구를 사귀지 못하거나 어울리지 못하면 어떡하지' 하는 걱정이다. 그런데 아이가 성장할수록 부모의 걱정은 반대로 바뀐다. '아이가 너무 친구만 신경 써서 공부에 방해가 되면 어떡하지' 하는 걱정이다.

이런 걱정과 아이의 행동은 지극히 자연스러운 것이다. 아이의 뇌는 끊임없이 발달하는데, 정서와 동기를 담당하는 '변연계'는 10~12세 무렵 거의 성숙해진다. 반면 감정을 통제하고 이성적인 사고를 하는 '전전두엽'은 20세가 되어서야 성숙해진다. 이 둘의 성숙 속도에 따른 혼란으로 힘들어하는 시기가 바로 청소년기다.

변연계는 감정을 담당하는 곳으로, 이곳을 이루는 주된 구조물인 '편도체'는 즉각적인 만족과 보상을 추구한다. 그런가 하면 전전두엽은 추상적이고 종합적인 사고를 가능케 하고, 감정이나 행동을 통제하며, 타인의 입장을 고려하는 사회적 행동이나 감정, 언어들을 조율할 수 있도록 하는 부분이다.

이 시기의 아이는 이전까지 '나'라는 개인을 사회에 속한 '나'로 인식하면서 타인의 시선이나 친구들에게 잘 보이고 싶어 하는 경향이 생기기 때문에 당연히 또래의 영향을 많이 받는다. 또한 자신을 조절하고 타인과의 공감을 훈련하는 게 필요한 시기이기도 하다. 바로 사회성이 발달하는 것이다.

〈종착역〉에서 가장 많이 나오는 대사는 "아, 진짜?"다. 아이들은 너나 할 것 없이, 누군가 말이 끝나면 무조건 "아, 진짜?" 하며 반응한다. 이 짧은 추임새는 타인의 말을 듣고 공감하는 표현이다. 타인의 이야기를 듣고 사고가 확장되는 것이다. 공감도 하고 나와 다른 생각도 이해한다.

부모는 아이가 친구 관계에 너무 신경 쓰기보다 공부에 집중해 주길 바라지만, 친구 문제는 학업 성취에 결정적으로 영향을 미친다. 감정을 담당하는 변연계는 거의 성숙했으나, 계획하고 조절하는 이성적인 일을 담당하는 전전두엽은 아직 미성숙 상태이니 친구 관계가 원만하지 못하면 학업에 집중하기 어렵다.

부모에겐 공부할 시간에 친구를 만나 노는 게 시간 낭비 같거나 쓸모없는 일처럼 느껴질 수 있겠지만, 아이에겐 너무나도 중요한 시간인 것이다.

+ 안정적인 애착과 불안정한 애착 +

아이가 친구에게 지나치게 집착하거나 건강하지 못한 인간관계의 모습을 보여주면 애착 문제일 가능성이 높다. 애착은 영유아가 주양육자에 형성하는 애정적 결속이나 정서적 유대 관계를 말한다. 아이의 첫 번째 인간관계인 부모와의 관계에서 형성된 애착 패턴이 향후 모든 관계에서도 그대로 나타나기에 대인 관계의 중요한 기초가 된다.

안정적인 애착은 부모에게 의지할 수 있다는 믿음과 심리적 안정감을 느낄 때 형성될 가능성이 높고, 안정적인 애착이 형성된 아이는 타인에 대한 신뢰가 바탕이 되기에 친구 관계에서도 원만하고 안정적인 관계를 맺을 수 있다.

반면 불안정한 애착이 형성된 경우, 친구 관계를 형성하거나 유지하는 데 어려움을 느낄 가능성이 높다. 유아 시절 아이가 필요로 할 때 주양육자가 부재하거나 주양육자의 비일관적인 태도 등의 이유로 의존할 수 없는 존재라고 인식되었을 때 '저항 애착'이 형성되기 쉽다.

그렇게 형성된 저항 애착으로 친구와 관계를 형성할 때 거절당할지 모른다는 걱정이 앞서 우정을 확인하려 하거나 과장된 애착 행동을 보이기도 한다.

또한 유아 시절 부모가 아이의 요구를 수용하지 못하거나 반응하지 못했을 때 형성되기 쉬운 '회피형 애착' 성향의 아이는 타인에 대한 신뢰가 부족해 유대감 형성을 회피하고 타인과 거리를 두는 방식으로 나타날 수 있다.

회피와 저항 애착이 복합되어 나타나는 '혼란 애착'이 형성된 경우, 친구와 친밀한 관계를 원하지만 타인에 대한 신뢰가 부족해 스스로 또래 관계를 회피하는 등 친구 관계 형성에 어려움이 나타날 수 있다.

다행인 건 아이의 뇌는 놀라울 정도로 적응력이 강하다는 점이다. 청소년기에는 뇌가 쉽게 변할 수 있다. 영유아기에 애착 관계가 제대로 형성되지 못했더라도 청소년기에 건강한 애착 관계 형성의 기회가 제공되면 불안정 애착을 가진 아이의 정서나 문제 행동 회복이 가능하다는 연구도 있다.

따라서 친구는 평생에 걸쳐 만들어갈 인간관계와 사회성의 기초이면서 변화무쌍한 시기를 함께 모험하는 동기이자 정서적 안전기지이기도 하다. 그러니 아이의 친구 관계를 지켜보며 건강한 또래 관계를 유지하도록 도와주는 게 좋다.

+ 사랑도 갈등도 싸움도 화해도 필요하다 +

아이가 또래 관계에서 다툼이나 갈등으로 힘들어하면, 일단 이야기를 충분히 들어주고 공감해준다. 공격적이거나 폭력적인 상황에 처한 게 아니라면, 아이가 문제를 스스로 해결할 수 있도록 대화하며 지켜봐주는 게 좋다.

아이가 나쁜 친구를 사귈까 봐 또는 친구 관계에서 상처받을까 봐 걱정해, 모든 친구 관계에 개입할 순 없다. 아이의 사회적 발달에 반드시 긍정적인 감정만 필요한 게 아니다. 사랑도 갈등도 싸움도 화해도 필요하다. 직접 경험해야 하는 것들이 있다.

〈종착역〉의 네 친구는 1호선의 종착역인 신창역을 찾아 두 눈으로 세상의 끝을 확인한다. 하지만 생각했던 것과는 달랐다. 철로가 끝나는 모습을 보고 싶었기에 자신들이 아는 세상에서 가장 먼 1호선 종착역에 왔지만, 철로는 끝없이 이어져 있었다.

네 친구의 세상은 종착역을 찾아 사진기에 담으며 더욱 넓어졌을 것이다. 그리고 더 넓은 세상으로 한 걸음 디딜 준비도 되었다. 자, 이제 아이들은 또 어떤 세계로 나아갈까.

4부

아이는 부모의
믿음을 먹고 자란다

아이는 부모의
믿음을 먹고 자란다

대한민국에서 아이 공부에 초연한 부모가 되는 건 쉽지 않다. 그래서 아이가 본격적으로 학교 제도 안에서 공부를 시작하면서부터 부모의 걱정도 시작되는 것 같다. 그러다 아이가 공부에 어려움을 느끼기 시작하면 부모의 불안과 걱정도 풍선처럼 커진다. 아이가 공부에 흥미를 잃고 아예 손을 놓을까 봐 겁이 나기도 한다.

이제는 대부분의 부모가 아이에게 부담을 주면 오히려 공부를 싫어할 수도 있다는 걸 안다. 그래서 더 고민이다. 시키지 않아도 알아서 공부를 잘한다거나 공부시킬 걱정이 일절 없다는 남의 집 아이의 얘기를 들을 때면 걱정이 더욱 깊어진다. 아이가 공부를 안 하겠다고 하면 마땅한 방법이 없다. 공부를 너무 힘들어하거나 공부에 흥미를 잃은 아이는 어떻게 도와줘야 할까.

영화 〈불량소녀, 너를 응원해!〉의 주인공 쿠도 사야카는 시험 성적 평균 30점, 전국 꼴찌에 동서남북조차 제대로 알지 못하는 소위 불량소녀다.

초등학교 때 친구 사귀기에 어려움을 겪은지라, 중학교에 입학해서부턴 공부보다 친구 사귀기를 목표로 삼았다. 사야카가 입학한 메이란 여자 중학교는 중학교와 고등학교, 대학교까지 한 재단 안에 있어 졸업만 하면 상위 학교로 자연스럽게 입학하는 제도인 것도 한몫했다. 공부와는 담을 쌓고 외모를 꾸미고 친구들을 만나며 매일 밤낮으로 즐겁게 놀기만 했다.

그러던 중, 고등학교 2학년 첫 학기 때 좋지 않은 일에 휘말려 무기정학을 받는다. 무기정학을 받으면 연계된 대학교로 입학하는 게 어려워진다. 손에서 아예 놓은 지 오래인 공부는 더 어렵다. 무기정학으로 아무런 목표 없이 무기력해지는 사야카에게 엄마는 대학에 가보는 건 어떠냐며, 입시학원 상담을 권유한다.

입시학원에 상담을 간 사야카는 재미 삼아 일본의 최상위권 명문 사립대학인 게이오대학교를 목표로 공부해보기로 한다. 하지만 고등학교 2학년인 그녀의 현재 수준은 초등학교 4학년 정도. 그럼에도 무한긍정의 츠보타 선생님이 말하길, 가능성이 충분하단다.

불량소녀, 너를 응원해!
Flying Colors, 2015

감독: 도이 노부히로
출연: 아리무라 카스미, 이토 아츠시,
요시다 요 외

그렇게 사야카는 츠보타 선생님과 진행하는 특별한 공부로 점차 변한다. 과연 전국 꼴찌 사야카는 전국 최상위권 명문 게이오 대학교에 입학할 수 있을까?

〈불량소녀, 너를 응원해!〉는 1990년대 데뷔해 수많은 걸작 드라마를 연출하며 일본 드라마의 간판으로 활동하는 중 화제를 뿌린 영화도 꾸준히 내놓아 한국에서도 명성이 드높은 도이 노부히로 감독의 2015년작이다.

영화 〈지금, 만나러 갑니다〉 〈눈물이 주룩주룩〉 〈꽃다발 같은 사랑을 했다〉 등의 로맨스 명작들이 그의 작품이고, 드라마 〈중쇄를 찍자!〉를 비롯해 2000년대 공전의 히트를 기록한 〈뷰티풀 라이프〉 〈GOOD LUCK!!〉 〈오렌지 데이즈〉 등이 그의 작품이다.

와중에 〈불량소녀, 너를 응원해!〉는 생소해 보일 수 있지만 도이 노부히로 감독의 인간을 향한 따뜻한 시선이 느껴지는 만큼 그의 필모그래피에서 튀지 않는다.

전국 꼴찌가 믿음의 엄마와 긍정의 선생님의 조력으로 명문대에 진학한다는 이야기, 어떤 식으로 흘러갈지 대략 감이 잡히지만 감동의 파도를 넘을 수 있는 이는 많지 않을 것이다. 제목처럼, 자신도 모르게 불량소녀 사야카를 응원하고 있을 테니 말이다.

사야카가 다니는 특별한 입시학원에는 다른 학원에서 받아주지 않는 다양한 학생이 모여 있다. 대부분 공부에 흥미를 잃었거나 아예 손을 놔버린 이들이다.

그런 학생들도 츠보타 선생님과 조금만 대화해보면 공부를 하기로 마음먹는다. 그렇게 학원에 와서 공부하다 보면 재미를 붙인다. 이쯤 되면 츠보타 선생님이 마법이라도 부린 것 같다.

공부는 아이가 스스로 해야 하지만, 너무 힘들거나 흥미를 잃었을 때는 쉽지 않다. 애초에 하고 싶은 마음이 들지 않으니 말이다. 그럴 땐 공부를 다시 시작할 수 있게 조력자의 도움이 필요하다. 아이 곁에서 가장 큰 도움을 줄 수 있는 조력자는 역시 부모다. 아이가 공부에 어려움을 겪고 있을 때 부모가 어떻게 도움을 줄 수 있을지, 츠보타 선생님의 비법을 따라가보자.

첫 번째로 공부하고 싶은 마음을 불러일으키는 '목표'를 정한다. 츠보타 선생님은 사야카에게 게이오 보이를 들어본 적 있냐고 묻는다. 게이오대학교의 남학생들이 멋있어서 붙여진 별명이라고 했다. 그곳에 가면 멋진 게이오 보이들을 만날 수 있을 거라고 하니, 사야카의 눈이 반짝인다. 그제야 대학에 관심을 갖고 이왕이면 멋진 게이오 보이가 있는 게이오대학교에 가겠다고 한다.

아버지로부터 변호사가 되어야 한다는 압박을 받아 공부를 싫어하게 된 변호사 집안의 3대 독자 레지에게 법대에 입학해 아버지에게 복수하는 방법을 소개하니, 곧 복수를 목표로 공부를 시작한다. 애니메이션에 빠져 있는 오타쿠 학생, 축구만 좋아하는 학생, 아이돌에 심취한 학생에게도 각자 저마다의 관심과 연결되면서도 의욕을 불태울 수 있는 목표를 심는다. 그러자 아이들은 눈을 반짝이며 새로 생긴 목표로 공부를 시작한다.

공부에 흥미를 잃은 아이에겐 공부 동기가 만들어지기 어렵다. 그래서 공부 동기를 스스로 만들 수 있을 때까지 외적 동기를 심어줘야 한다. 외적 동기가 바로 목표다.

결코 거창한 목표가 아니다. 아이 스스로 왜 공부해야 하는지, 궁극적으로 이루고 싶은 명확한 목표가 있으면 좋겠지만, 그렇지 않다면 작은 목표라도 만들어줘야 한다.

두 번째로 아이에게 맞는 '난이도'로 학습할 수 있도록 돕는다. 전국 꼴찌 고등학교 2학년 사야카의 현재 학습 수준은 초등학교 4학년 정도이기에 츠보타 선생님은 그녀에게 초등학교 문제집을 건넨다. 친구들이 웬 초등학교 문제집이냐며 웃어대니 조금 부끄럽긴 하지만, 사야카는 그나마 이해할 수 있는 내용이어서 자신감을 얻는다.

자신에게 맞는 난이도로 학습하는 건 매우 중요하다. 너무 어려우면 포기하고, 너무 쉬우면 지루해 흥미가 떨어진다. 적절한 난이도는 전반적으로 이해하기 수월하면서도 적당히 도전도 할 수 있는 정도다.

적절한 난이도로 공부할 수 있으려면 현재의 학습 수준을 정확히 알아야 한다. 일반적으로 볼 때, 전체 문제 중 80% 정도를 맞출 수 있으면 적절한 난이도다.

우리나라 교육 과정은 나선형으로 구성되어 있어서, 초등학교 교과 내용과 고등학교 교과 내용이 크게 다르지 않다. 학년이 올라갈수록 복잡하게 또 심화적으로 살이 덧붙여진다.

교육 과정은 거꾸로 된 팽이 모양 같다. 그래서 공부는 건물을 만드는 것처럼 기초부터 쌓아 올려야 하는 것이다.

세 번째로 아이가 스스로에게 맞는 '공부법'을 찾을 수 있도록 도와준다. 아이마다 각자에게 맞는 공부법이 다르다. 부모와 아이도 서로 공부법이 다른 게 당연하다.

부모가 자신의 공부 경험을 바탕으로 아이에게 노하우를 전해도 아이에게 맞지 않을 수 있다. 의지가 없거나 노력하지 않아서가 아니다. 자신에게 맞는 공부법을 찾지 못했을 뿐이다.

자기조절력이 높은 아이가 공부를 잘한다고 알려진 이유에도 공부법이 있다. 자기조절력이 높은 아이는 자신에게 맞는 공부법을 잘 안다. 수정과 보완을 계속해 가며 자신에게 최적화된 공부법을 찾아가는 것이다.

하지만 아이가 공부를 힘들어하면 이 과정을 부모와 함께하면서 아이에게 맞는 공부법을 찾아볼 수 있다.

공부를 시작했을 때 사야카는 책 읽기를 힘들어했다. 그래서 츠보타 선생님은 학습 만화를 권유한다. 만화 덕분에 책 읽기에 흥미를 갖자, 곧 일반 책으로도 공부할 수 있게 되었다.

또한 승부욕이 있는 사야카였기에 게임처럼 내기를 하며 공부하도록 했다. 애니메이션을 좋아하는 학생에게 애니메이션 내용과 학습 내용을 연결시켜 생각해보게 하는 것도 같은 방법이다.

아이에게 맞는 공부법을 찾기 위해선 아이의 성향과 흥미를 이해해야 한다. 하기 싫고 어려운 걸 먼저 하려는 아이가 있고, 재밌고 좋아하는 걸 먼저하곤 어려운 걸 나중에 하려는 아이가 있다.

공부가 잘되는 시간도 아이마다 다르다. 학교를 다녀오자마자 공부하는 걸 선호하는 아이가 있고, 일단 좀 쉬곤 저녁에 공부하는 걸 선호하는 아이가 있다.

정답은 없다. 잘되는 시간에 꾸준히 하면 될 일이다.

✦ 든든한 아군으로서의 부모 ✦

마지막으로 언제나 든든한 '아군'이 되어준다. 사야카는 입시 모의고사도 치를 수 있을 정도로 진도를 따라잡았다. 공부에 방해가 된다며 머리도 스스로 자르고 밤에 잠도 줄였다.

하지만 첫 번째 모의고사 성적은 여전히 하위권이어서 게이오 대학교는 꿈도 못 꿀 상태다. 열심히 노력해도 안 되는 것 같아 좌절하고 포기할까 고민도 한다. 그때도 츠보타 선생님이 힘을 실어준다. 부족한 부분을 알았으니 보충할 수 있어 오히려 다행이라고 한다.

아이가 공부에 흥미를 잃는 건 좌절의 경험으로부터 시작한다. 좌절의 경험은 아이 스스로 '나는 수학을 못해' '나는 공부를 못해'처럼 자신의 한계를 만든다.

그리고 부모를 포함한 주변의 실망과 선입견으로 한계가 점점 굳어지고, '이렇게 한다고 효과가 있겠어?' '해서 되겠어? 어차피 나는 잘 못하는데' 하며 부정적인 결과를 쉽게 예측하게 된다. 쉽게 포기하고 마는 것이다. 그런데 역설적으로 내면에 잘하고 싶은 마음이 있다.

모의고사에서 점수를 잘 받지 못한 사야카에게 "선생님은 네가 시험 못 봐도 괜찮아."라고 하는 말은 위로가 되지 않는다. "더 열심히 하면 잘할 수 있어."라고 하는 말도 힘이 되지 않는다. 사야카는 잘하고 싶다. 열심히 노력했으니까.

공부는 결과보다 과정에서의 배움과 성장이 중요하다. 공부하는 행위로 인내심과 노력 그리고 문제 해결 방법과 성취감을 배운다. 스스로에 대한 자신감과 믿음을 갖게 하고 앞으로 살아가는 데 큰 힘이 된다.

부모는 노력한 만큼 결과가 나오지 않아 실망하는 아이에게 노력한 과정에서 아이가 얻고 배운 것들을 알려야 한다. 든든한 아군으로서의 부모 역할이다. 부모의 격려는 성공했을 때보다 좌절할 때 더 빛을 발한다.

남은 건 '믿음'과 '격려'다. 이제 공부는 아이의 몫이다. 일단 아이가 공부와 친해지기를 목표로 하면 공부의 긍정적인 경험을 꾸준히 쌓아줘야 한다.

공부에 관한 결정은 되도록 아이가 주도하게 한다. 자전거 타는 법을 가르쳐줄 때, 처음에는 붙잡아주지만 어느 순간부터는 아이 스스로 패달을 굴려야 자전거가 앞으로 나가는 것처럼 말이다. 부모는 아이가 넘어질 때 다치지 않도록 헬멧과 무릎 보호대가 되어주자.

교육은 투입 대비 산출이 매우 늦게 나오는 영역이다. 최선을 다해 열심히 노력했더라도 결과가 좋지 않을 수 있다. 하지만 시험에서 좋은 점수를 얻지 못했다고 아이의 노력과 공부한 지식이 없어지지 않는다. 불안은 내려놓고 인내심과 믿음으로 기다리자.

아이는 부모의 믿음을 먹고 자란다.

[흥미가 중요한 이유]

흥미(興味)의 사전적 의미는 '흥을 느끼는 재미'와 '어떤 대상에 마음이 끌리는 관심'이다. 흥미는 흥이 날 만큼 재밌고, 그래서 대상에 마음이 끌리는 것이다.

『논어』에서도 '아는 건 좋아하는 것만 못하고 좋아하는 건 즐기는 것만 못하다(知之者 不如好之者 好之者 不如樂之者).'라고 했다. 좋아하는 걸 즐기며 하는 게 결국 잘하게 되는 일이다.

흥미가 있으면 오래 할 수 있고, 꾸준함은 재능이 따라잡을 수 없는 영역이다. 공부 동기를 자극하기 위해선 먼저 아이의 흥미를 파악하는 게 중요하다. 내 아이는 어떤 것에 흥미를 느낄까.

아이를 가르치지 말고
아이와 함께한다는 것

가장 이상적인 교육은 아이가 스스로 학습하고 싶도록 하고 방법을 터득하며 학습해 나가도록 하는 것이다. 학습은 누군가가 절대로 대신해줄 수 없다. 그럼 '부모는 무엇을 해줘야 하는지' '아이를 방치하라는 건가' 하는 의문이 들지도 모른다.

이런 관점은 아이가 공부에 대한 이해를 스스로 구성할 수 있다는 걸 전제로 하는 '구성주의 이론'에서 출발한다. 극단적인 연구자들은 아이가 공부함에 있어서 교사나 부모가 오히려 방해가 된다고까지 주장하기도 했다.

최근에는 아이가 스스로 이해하고 학습하는 데 부모와 교사가 중요한 조력자로서 역할을 할 수 있다는 레프 비고츠키의 이론이 주요하게 여겨지고 있다.

비고츠키는 사회적 상호작용을 통해 학습과 인지가 발달할 수 있다고 믿었다. 아이는 자신보다 지식과 경험이 많은 사람들과의 상호작용으로 혼자선 얻지 못했을 이해를 얻는다. 부모의 역할이 중요한 이유다.

여기 조력자로서의 부모 역할을 특출나게 잘한 엄마가 있으니, 유도리아 홈즈다. 영화 〈에놀라 홈즈〉는 그녀의 막내딸 에놀라 홈즈가 받은 특별한 교육을 소개하는 것에서 시작한다. 에놀라의 말을 빌려 보자.

"우리 둘은 늘 함께였어요, 아주 굉장했어요. 또 우리는 아주 많은 것들을 함께했죠. 독서, 과학, 운동 등…. 신체적인 것뿐만 아니라 정신적인 것들도요. 엄마는 우리가 뭐든지 자유롭게 해도 된다고 했어요. 그리고 어떤 사람이든 되어도 괜찮다고 했어요."

에놀라가 엄마와 함께한 것들은 대략 다음과 같다. 문학, 역사, 철학 등 인문학의 다양한 분야를 넘나드는 독서, 식물을 기르며 꽃에 대해 공부하고, 양봉을 하며 벌에 대해서도 알게 되었다. 수많은 실험으로 과학을 알게 되었고 자전거와 테니스, 검술과 승마, 격투기까지 배웠다.

언뜻 보면 유도리아가 교육에 굉장히 열성적인 부모 같아 보인다. 하지만 그녀의 교육 방식이 특별한 건 '함께했다'는 데 있다. 유도리아는 우리 모두 잘 알고 있는 셜록 홈즈와 그의 형 마이크로프트 홈즈의 어머니이기도 하다.

에놀라 홈즈 Enola Holmes, 2020

감독: 해리 브래드비어

출연: 밀리 바비 브라운, 헨리 카빌, 샘
클라플린 외

　그녀는 문학과 수학, 과학 등 다방면에서 굉장히 박학다식한 인물로 표현되는데, 그렇게 유능하고 박학다식하면 아이를 직접 가르쳐도 될 것이다. 하지만 그렇게 하지 않았다.

　다양한 것들을 경험하게 하고 함께하면서, 에놀라가 스스로 배우고 깨우치게 했다. 유도리아는 과학 실험에서 실패하기도 했고, 테니스 실력이 그리 뛰어난 것도 아니었다. 그러니 엄마가 딸을 '가르쳤다'기보다 '함께' 공부한 것이다.

　〈에놀라 홈즈〉는 원작에서 존재하지 않는 셜록 홈즈의 여동생 '에놀라 홈즈'를 주인공으로 한 동명의 소설 원작을 영상화환 넷플릭스 오리지널 영화다. 〈기묘한 이야기〉 시리즈 덕분에 전 세계적으로 얼굴을 알린 밀리 바비 브라운이 에놀라 홈즈 역을 맡아

페미니즘 논리를 발랄하고 가볍게 엉뚱하면서도 자못 진중하게 그려내 큰 사랑을 받았다. 인기에 힘입어 2편도 제작되었다.

에놀라가 기존의 여성상에서 탈피해 엉뚱하고 과감하면서 발랄하게 세상의 억압을 깨부수고 다닐 수 있었던 건 다분히 엄마 유도리아의 영향 덕분이다. 그녀의 삶의 방식과 가르침이 에놀라로 하여금 주체적으로 살 수 있게 한 근원이었다. 유도리아 홈즈, 가히 멋있다고밖에 표현할 길이 없는 캐릭터다.

+ 다양한 경험으로 스스로 구성하는 아이 +

유도리아는 어느 날 갑자기 딸을 혼자 남기고 사라져버렸지만 그녀의 교육 방식은 충분히 주목해볼 만하다. 에놀라가 혼자서도 충분히 세상을 살아갈 수 있도록 모든 걸 깨우치게 했으니 말이다. 결국 에놀라는 명탐정으로 유명한 오빠 셜록보다 먼저 사건을 해결할 수 있었고, 큰일도 성공적으로 해결하며 탐정의 길로 들어설 수 있었다.

비고츠키의 사회적 구성주의를 아주 잘 엿볼 수 있는 부분이다. 비고츠키는 지식이야말로 사회적 공동체가 긴 역사를 통해 누적된 문화적 산물로 봤다. 지식은 사회에서 잘 적응하는 데 유용하기 때문이다.

유도리아는 에놀라로 하여금 다양한 지식과 경험들의 의미를 알게 하고 스스로 배우고 구성하게끔 교육했다.

비고츠키의 구성주의 이론에서 볼 때, 아이의 지적 발달은 사회적 상호작용으로 구성된다. 즉 개인의 지식이나 인지 능력은 사회 구성원들과의 상호작용으로 발달하고 스스로 내면화시키며 자신의 것으로 만든다는 것이다.

아이의 인지 발달을 위해 가장 중요한 건 부모, 교사 등 주변 성인과의 상호작용이다. 아이가 문제를 푸는 걸 어려워할 때, 조금만 도와줘도 해결할 수 있다. 일방적으로 가르치는 게 아니라 함께 생각해보고 스스로 문제를 해결하게 돕는 것이다.

예를 들어, 수학을 처음 배우는 아이가 '1+1=2'의 개념을 어려워할 때 부모는 이렇게 가르쳐줄 것이다. "네가 지금 사탕을 하나 가지고 있잖아. 그런데 엄마가 사탕을 하나 더 줬어. 그럼 사탕을 몇 개 가지게 되지?"라고 물으면 아이는 쉽게 "두 개."라고 말하며 인지한다. 자연스레 '1+1=2'의 개념을 이해하는 것이다.

중요한 건 '1+1=2'의 개념을 아이에게 가르쳐주는 게 아니라, 아이 스스로 사탕 하나에 하나가 더해지면 두 개가 된다는 것과 '1+1=2'의 개념을 해결하고 인지하는 데 있다. 아이의 '근접발달영역'이다. 아이가 혼자서는 해결하기 어려웠지만 도움을 받으면 해결할 수 있는 부분이다.

유도리아의 교육 방식은 다양한 경험을 하게 한다는 점에서도 훌륭하지만, 상호작용으로 아이가 사회의 구성원으로서 스스로 문제를 해결하고 살아갈 수 있도록 이끌어주며 좋은 조력자가 되어준다는 점에서 주목해볼 만하다. 그 모든 과정을 함께함으로써 단순히 지식을 전달하는 것에 그치지 않고 스스로 지식을 구성해 자신의 것으로 내면화하도록 했다는 점 역시 그렇다.

비고츠키의 사회적 구성주의에선 단순히 문제를 풀거나 지식을 아는 것뿐만 아니라 논리적인 문제 해결이나 기억 활동 같은 고등 정신 기능들도 상호작용으로 구성된다고 봤다. 학습뿐만 아니라 아이의 전인적인 부분에도 영향을 주는 것이다.

유도리아는 에놀라가 어렸을 때부터 낱말 퍼즐이나 체스 같은 것들을 함께하며 선택과 전략에 관한 것들도 알게 했다. 훗날 에놀라가 갈림길에 놓였을 때, 어떤 선택을 해야 하는지 또 어떻게 대처해야 하는지도 생각할 수 있게 도운 것이다.

에놀라는 사건 해결의 중요한 순간, 두려워하는 친구 듀크스베리 자작에게 말한다. "난 보고 들으라고 배웠고, 싸우는 기술도 알게 되었어. 나를 이렇게 키운 건 엄마야. 나를 믿어. 우리는 답을 찾아낼 수 있어. 우리가 해야 해. 우리가 할 수 있어."

[아이의 세계를 넓히는 경험의 중요성]

아이의 세계는 경험으로 확장된다. 다양한 경험은 책상에 앉아 공부하는 것보다 더 많은 걸 가르쳐준다. 아이는 직접 경험한 것에 더 큰 관심과 흥미를 보인다. 경험은 아이의 관심과 흥미, 재능을 발견할 수 있게 하고 자신만의 목표를 만드는 데도 도움이 된다.

박물관이나 미술관, 체험관에 방문하는 것도 좋은 경험일 테지만, 집 안에서 혹은 집 근처에서도 얼마든지 새로운 경험을 할 수 있다.

평소 잘 다니지 않는 길을 산책하며 동네 탐험을 해보거나 평소 무심코 지나치는 식물, 곤충을 관찰해보는 것도 좋다. 가족과 함께하는 운동이나 보드게임도 좋다. 책, 영화를 보고 얘기하며 타인의 경험을 엿볼 수도 있다.

다양한 경험으로 아이의 세계를 넓혀주자.

부모의 태도가
아이의 성격을 좌우한다

성공한 건축가지만 엄격하고 냉정한 아버지인 노노미야 료타는 느리고 소극적인 아들 케이타가 자신과 닮지 않았다고 탐탁지 않아 한다. 그러던 중, 케이타를 출산했던 병원에서 아이가 바뀌었다고 알려온다.

케이타의 친부 사이키 유다이는 비록 넉넉한 형편은 아니지만, 아이들을 존중할 줄 아는 아버지다. 따뜻한 마음씨도 품고 있다. 유다이 가에서 살고 있던 료타의 친아들 류세이는 활발하고 장난기 가득한 아이로 자랐다.

병원 측의 이야기를 듣고 두 가족이 처음으로 만난 후, 료타는 핏줄은 연결된 것이기에 류세이가 금세 자기와 닮게 될 거라며 류세이를 데려온다. 케이타도 친부 유다이 가에서 지내기로 한다.

그렇게 아버지가 된다
Like Father, Like Son, 2013

감독: 고레에다 히로카즈
출연: 후쿠야마 마사하루, 릴리 프랭
키, 니노미야 케이타, 황 쇼겐 외

케이타는 처음 느껴보는 친아버지의 존중과 따뜻함에 금세 적
응하는 듯했지만, 자유분방하고 활달하던 류세이는 엄격하고 냉
정한 친아버지의 모습에 좀처럼 적응하지 못한다.

20세기에 데뷔해 21세기에 일본을 대표하는 감독으로 우뚝 선
고레에다 히로카즈의 아홉 번째 연출작 〈그렇게 아버지가 된다〉
는 핏줄로 대표되는 기존의 가족 개념을 아버지의 시선으로 성찰
하고 시간의 개념으로 재해석한 작품이다.

이 작품에 한해 아버지와 아들, 즉 부모와 자식의 관계는 결코
태생적이고 혈육적이지 않다. 함께한 시간이 그보다 훨씬 더 견고
할 수 있다는 걸 알고 나서야 비로소 한 발자국 앞으로 나아갈 수
있다. 료타가 과연 깨달음을 얻을지 지켜보는 것도 흥미롭겠다.

료타의 믿음처럼 성격은 물려받는 걸까, 형성되는 걸까. 결론부터 말하자면, 둘 다 맞다. 사람은 각기 다른 기질을 갖고 태어나니 말이다.

특히 인내심, 만족감, 자신감 등의 특성에서 차이가 나타나는데, 타고난 특성은 시간이 지나도 계속될 가능성이 높다. 같은 핏줄의 부모 그리고 동일한 환경에서 자란 형제라도 서로 다른 성격이지 않은가.

하지만 타고난 기질이 전부는 아니다. 성격은 타고난 기질적 특성과 함께 아이가 환경 속에서 상호작용하는 방법을 터득하고 성장하는 과정에서 발달한다.

환경에 가장 큰 영향을 미치는 게 '발달'이다.

부모를 포함한 타인과의 관계도 성격 형성에 중요한 원인으로 작용한다. 부모의 양육 방식은 아이의 건강한 성격 발달에 큰 영향을 끼치고, 성인이 될 때까지도 계속될 수 있다는 연구 결과가 많이 보고되었다.

그런데 아이 공부에 '성격'이 왜 중요할까. 인성이나 사회성을 발달시키는 것보다 '공부만 잘하면 되지', 하는 인식이 많이 생겨나는 게 현실이고 사실이다. 하지만 성격의 영향을 간과하는 것이다.

인성, 사회성 등을 포함하는 성격은 동기를 형성하는 데 아주 큰 영향을 끼치고, 학습을 비롯한 삶의 문제들을 해결하는 데도 영향을 미친다. 그러니 건강한 성격 형성은 공부하는 데 큰 밑받침이 된다.

많은 연구에서 부모가 아이와 관계하는 방식을 두 가지로 구분한다. '기대'와 '반응'이다.

아이에게 기대가 높은 부모가 있고, 아이에게 기대가 없는 부모가 있다. 어떤 부모는 아이에게 매우 반응적이다. 반응적이라는 건 아이의 행동에 반응하고 수용하며 상호작용하는 것이다. 아이를 거부하거나 부정하는 경우도 있다.

료타의 경우를 보자. 료타는 경제적으로 풍족하고 사회적으로 성공했다. 그만큼 아이에게 거는 기대가 높다. 하지만 늘 바쁘다는 핑계로 케이타에게 무관심하며 자신과 닮지 않은 성격을 가졌다는 이유로 못마땅해하고 급기야 부정하기까지 한다.

기대는 높은데 비반응적인 부모에게서 자란 아이는 자신에게로 향한 기대에 부정적인 태도를 갖는다. 료타 앞에서 늘 주눅 들어 있는 케이타, 료타의 기대가 억압으로 느껴져 반항하고 마는 류세이를 보면 알 수 있다.

높은 기대가 나쁘다거나 반응적인 게 무조건 좋다는 건 아니다. 부모의 이상적인 태도는 기대와 반응이 적절히 균형을 이루는 것이다. 기대와 반응을 토대로 부모 유형을 네 가지로 나눌 수 있다.

첫 번째, 높은 기대와 높은 반응이 나타나는 유형으로 '권위 있는' 부모다. 아이의 건강한 성격을 형성하는 데 가장 효과적이다. 아이에게 기대가 높은 만큼 반응적이기에, 아이는 자아존중감과 자기 확신이 높고 안정적이면서도 도전적인 성격을 형성한다.

두 번째, 기대는 높지만 반응은 낮은 료타 같은 유형으로 '권위주의적인' 부모다. 아이는 주눅 들기 쉽고, 성취보다 부모를 만족시키는 것에 집중하기 쉽다. 부모의 낮은 반응으로 사회적 기술이 부족하기도 쉽다.

세 번째, 반응은 높지만 기대는 낮은 유형으로 '허용적인' 부모다. 아이에게 감정적으로 반응하지만 기대가 전혀 없어 무제한의 자유를 허용한다. 아이는 미성숙하거나 충동적이고 자기통제가 부족할 수 있으며, 동기를 형성하는 데 어려움을 느끼기 쉽다.

네 번째, 기대와 반응 모두 낮은 유형으로 '무관심한' 부모다. 아이를 감정적으로 지지하거나 관심, 기대를 전혀 품지 않기에 아이는 자기통제와 동기 형성, 목표 설정에 어려움을 겪기 쉽다. 또한 문제에 직면했을 때 쉽게 좌절하는 성향이 될 수 있다.

부모는 아이가 자립심, 유능함, 소속감 등을 갖도록 도와야 한다. 유다이는 어떤가. 그는 아주 반응적인 아버지로 아이를 세심하게 배려한다. 감정적인 지지와 상호작용은 물론이다. 그런가 하면 자신만의 확고한 교육관으로 아이에게 기대도 한다. 나아가 가족으로서의 소속감도 느끼게 해주려 한다.

　갑자기 유다이와 살게 된 케이타지만 금세 적응하고 안정을 찾는다. 아버지와의 따뜻하고 긍정적인 관계를 처음 느껴본다. 덕분에 케이타는 지금껏 함께 살았지만 자신에게 상처를 준 료타에게 자신의 상처에 대해 말하고 감정적으로 화해하려 시도한다. 료타 앞에서 주눅만 들었던 케이타로선 상상도 하지 못할 일이다.

　이상적인 부모로서의 유다이의 태도가 케이타에게 긍정적인 영향을 끼쳤음을 알 수 있는 부분이다.

우리 아이에게
제대로 칭찬하는 법

전 세계 수많은 영화 인물 중 가장 사랑받는 스승이 있다면 이 사람이 아닐까 싶다. 영화 〈죽은 시인의 사회〉의 존 키팅 선생님.

엄격하고 보수적이기로 유명한 개신교계 사립 고등학교에 괴짜 같은 선생님이 부임한다. 입시 위주의 교육 과정과 엄격한 규율뿐인 학교이기에 학생들도 괴짜 같은 선생님을 비웃었지만, 그의 특별한 교육 방식과 진정성으로 점차 마음을 연다. 머지않아 키팅은 참스승으로 인정받는다.

〈죽은 시인의 사회〉는 호주 출신의 할리우드 스타 감독 피터 위어의 대표작이다. 그는 1974년에 데뷔 후 2010년까지 활동하며 〈죽은 시인의 사회〉를 비롯해 〈트루먼 쇼〉 〈마스터 앤드 커맨더〉 등의 명작을 남겼다.

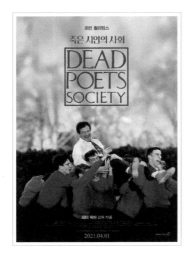

죽은 시인의 사회
Dead Poets Society, 1989

감독: 피터 위어
출연: 로빈 윌리엄스, 로버트 숀 레너
        드, 에단 호크 외

  그중에서도 〈죽은 시인의 사회〉는 학교 성장 영화의 상징이자 고전으로 평가받는다. 1989년 개봉 당시 평단과 대중을 사로잡으며 화제를 뿌렸다.

  권위주의적인 학교 교육에 키팅 선생님의 이상적인 교육관이 강렬하게 부딪히며 "바람직한 교육이란 무엇인가?"라는 질문을 던진다. 나아가 자식을 인격체로 대하지 않고 자신의 분신처럼 대하는 부모를 향한 신랄한 비판의 양상도 보인다.

  35년 전 당대 미국을 넘어 작금의 한국 현실과도 맞닿아 있으니 심히 공감되면서도 한편으로 씁쓸하다.

  한편 키팅 선생님의 교육 방식도 눈여겨볼 만하지만, 눈에 띄는 건 그의 '칭찬'이다. 제대로 된 칭찬은 부모, 심지어 교육을 업으로 삼고 있는 교사조차 쉽지 않다. 흔하게 하는 거라 간단해 보이지만, 정말 좋은 칭찬은 복잡하고도 어렵다.

칭찬은 고래도 춤추게 한다는 말처럼, 칭찬에는 힘이 있다. 키팅 선생님의 제자들이 꿈과 재능을 펼쳐낼 용기를 얻고 세상 보는 눈과 행동이 달라진 것처럼 말이다.

칭찬을 충분히 받고 자란 아이는 자신감을 얻고 지속적으로 자신을 발달시킬 수 있다. 또한 물리적인 보상보다 칭찬이 학습에 더 효과적일 뿐만 아니라, 자아존중감과 동기유발을 촉진하고, 자신감을 심어주며, 자기계발을 하게 만든다는 연구 결과도 지속적으로 보고되었다.

반면 최근 들어 칭찬의 부정적인 면도 관심이 집중되고 있다. 칭찬이 무조건 효과적이거나 긍정적인 효과를 가져오진 않는다는 것이다. 잘못된 칭찬은 오히려 아이에게 부정적인 결과를 초래한다. 그러니 올바르고 효과적인 칭찬이 필요하다.

+ 특성, 성과, 과정에 대한 칭찬 +

칭찬은 어떻게 해야 할까? 칭찬을 제대로 하려면 칭찬의 종류와 방식을 확실히 알아야 한다. 우선 칭찬은 대상에 따라 세 가지로 나눌 수 있다. 특성에 대한 칭찬, 성과에 대한 칭찬 그리고 과정에 대한 칭찬이다.

특성에 대한 칭찬은 아이의 고유한 특성이나 능력을 칭찬하는 것이다. 가령 이렇다. 〈죽은 시인의 사회〉에서 공부도 잘하고 성격도 좋은 닐 토트에게 아버지가 이렇게 칭찬한다. "넌 정말 똑똑하고 훌륭한 아이야!"

언뜻 좋은 칭찬으로 보이지만 문제가 있다. 아이는 고유한 특성이나 능력으로 칭찬을 받는 경우, 그렇지 않은 상황을 만났을 때 수용하기 어려워하거나 칭찬받은 것과 동일한 특성에 의문을 품고 부정한다.

닐의 입장이라면 이런 것이다. '어쩌지. 나는 늘 똑똑하거나 훌륭하진 않은데? 나는 공부보다 연극이 하고 싶은데. 나는 훌륭하지 않은 사람인가?' 하고 말이다.

칭찬받을 아이들에게 실패를 경험하게 하는 연구에서도 유사한 결과를 도출했다. 능력에 대한 칭찬을 받은 아이들이 과제 지속성이나 과제 수행의 즐거움을 덜 느꼈을 뿐만 아니라, 다음 과제를 선택할 때 쉬운 걸 선택하는 경향이 나타나거나 실패에 직면하면 더 이상 학습하지 않으려는 반응을 보인 것이다. 무기력한 반응을 보이기도 했다.

성과에 대한 칭찬은 어떨까? 성과는 아이가 이룬 결과니까 괜찮지 않을까? 하지만 성과에 대한 칭찬을 받으면 과정보다 성과에 집중하는 경향이 높아진다.

이 경우 높은 성과를 얻지 못할 것 같은 상황에서 도전 자체를 포기하거나, 아무리 열심히 노력해도 높은 성과를 얻지 못했을 때 좌절하기 쉽다. 심지어 원하는 결과를 얻어내고자 부정한 방법을 사용해서라도 성과를 증명하려는 경향을 보이기도 했다.

마지막으로 과정에 대한 칭찬이다. 과정을 칭찬한다는 건 아이가 결과를 얻기까지 들인 노력과 과정 자체를 칭찬하는 것이다. 아이가 시험을 잘 봤거나 뭔가를 잘했을 때 결과보다 노력과 과정을 칭찬한다.

결과에 상관없이 과정에 대해 칭찬을 받은 아이는, 이후 실패를 경험했을 때 과제를 지속적으로 해 나가거나 더욱 도전적인 과제를 선택하고 과제 자체에 즐거움을 느꼈다.

키팅 선생님은 시 작문 과제를 내주곤 했는데, 그때 조금 미흡한 학생에게 "엉터리가 아니야. 너는 열심히 했어. 주제가 간단하다고 문제 될 건 없어. 너는 간단하지만 중요한 주제인 사랑을 다뤘잖아."라고 말한다. 그 학생은 어떻게 달라질까.

우리는 과정과 노력이 중요하다는 걸 이미 알고 있다. 다만 조급함 때문에 아이에게 그런 식의 칭찬을 하지 못할 뿐이다. 과정과 노력을 칭찬받은 아이는 무엇이든 더 노력하고 모든 과정에서 더욱 충실히 하려고 할 것이다.

칭찬 대상만큼 중요한 게 칭찬 방법이다. 칭찬할 때는 비교하는 칭찬, 평가하거나 조종하는 칭찬이 되어선 안 되며 결과보다 과도한 칭찬이나 빈번한 칭찬을 하는 것도 지양해야 한다.

비교하는 칭찬이란 타인의 것과 비교하는 형태의 칭찬으로, 가령 '누가 누구보다 잘했다'라거나 '누구처럼 하지 않으니 잘했다'라고 하는 형태. 비교하는 칭찬은 아이에게 경쟁심을 심어줄 수 있고, 칭찬을 받기 위해선 타인보다 무조건 우위에 있어야 한다는 인식을 갖게 하거나 타인이 칭찬받을 때 자신은 무시당한다고 느끼게 하기도 한다.

조종하는 칭찬은 가장 많이 사용되는 칭찬의 형식으로, 긍정적인 효과보다 부정적인 결과를 낳을 수 있으니 주의해야 한다. 이런 칭찬을 '설탕발림한(sugar-coated) 통제'라고도 한다. 칭찬받는 사람을 칭찬하는 사람의 의도대로 조종하기 위한 목적이 있기 때문이다. "물건 쓰고 제자리에 놓다니, 잘했네? 앞으로도 계속 이렇게 해야 해."라는 칭찬처럼, 이후에도 같은 행동을 하도록 유도하는 것이다.

칭찬은 중요하지만, 아이가 한 행동보다 과장된 칭찬이나 빈번한 칭찬은 좋지 않다. 아이의 나이가 어릴수록 과장된 칭찬을 실제라고 받아들여 자신의 능력이나 목표를 과도하게 높게 인식해 실패를 경험할 가능성이 높다. 반면 고학년이 될수록 과도하다고 생각되는 칭찬은 진실하지 않다고 인식해 무시하거나 자신의 능력이 낮게 평가되고 있다고 느낄 수 있다.

✛ 훌륭한 칭찬과 격려는 이렇다 ✛

〈죽은 시인의 사회〉에서 닐이 드디어 원하던 배역을 따냈을 때 키팅 선생님이 말한다. "축하해. 나는 네가 될 줄 알았어. 네가 늘 열정적으로 노력했다는 걸 아니까, 널 응원했지! 앞으로 더 큰 배우가 될 너를 생각하니, 선생님은 정말 행복하다." 닐이 주인공을 맡게 되었다는 걸 알자마자, 그가 배역을 얻고자 노력한 과정과 열정을 구체적이고 진정성 어리게 칭찬한 것이다.

키팅 선생님의 칭찬에는 평가나 비교가 없다. 그의 칭찬이 진정성 있게 느껴지는 이유는 학생의 노력과 열정에 대한 자신의 긍정적인 느낌을 있는 그대로 진솔하게 표현했기 때문이다.

이런 칭찬을 받은 닐은 혹여 다음 연극 오디션에서 배역을 받지 못한다 해도 괜찮을 것이다. 언제나 자신을 믿어주고 응원하는 사람이 있다는 느낌을 받았으니 말이다. 이것이 바로 올바른 칭찬, 즉 '격려'의 방법이다.

좋은 칭찬은 결국 격려여야 한다. 아이가 해낸 과정과 노력에 대해, 그리고 성장 자체에 대한 칭찬이 바로 격려다. 평소 당연하게 또 그러려니 여겼던 것들을 칭찬하는 건 어렵지만 격려는 할수 있다. 격려는 있는 그대로일 때도 할 수 있거니와 실수하거나실패했을 때는 더 큰 힘을 발휘할 수 있기 때문이다.

아이가 평소와 다름없이 숙제를 하고 있다고 해도 "숙제를 열심히 하고 있네. 정말 보기 좋다."라고 격려할 수 있는 것이다.

그런데 격려는 아이의 노력과 성장 같은 행위에 하는 거라 더세심한 관찰이 필요하다. 이를테면 아이가 평소 먹지 않는 반찬을 먹었을 때 "정말 잘 먹는다. 최고야!"라고 하는 건 단순한 칭찬이다. 반면 "이제 브로콜리도 먹을 수 있네? 갈수록 먹을 수 있는음식이 많아지네! 엄청 튼튼해지겠다. 엄마의 요리를 맛있게 먹어줘서 정말 좋아!"라고 하는 건 격려다.

격려에는 칭찬보다 세심한 관심이 포함된다. 브로콜리 먹기에도전한 점, 전보다 먹을 수 있는 음식이 많아진 점에 관심을 가졌다는 사실, 아이의 행동에 따른 미래의 변화, 그리고 부모의 긍정적인 느낌까지 담겨 있어 진정성 있는 좋은 격려가 되었다.

좋은 칭찬은 아이의 노력과 성과를 인정해 자신감과 동기부여를 제공하고, 격려는 아이 스스로에게 믿음과 용기를 심어 계속성장할 수 있도록 한다. 아이에겐 칭찬과 격려 모두 필요하지만,부모의 칭찬이 격려로 귀결될 때 아이는 존중받고 사랑받는다고느끼며 더 성장할 수 있다.

[무심코 쓰는 말을 격려의 말로 바꿔 보기]

① 자랑스럽다 ▶ 뿌듯하겠다

+ '자랑스럽다'의 기준이 부모에게 있다면, '뿌듯하겠다'의 기준은 아이에게
있다. 가장 좋은 격려는 스스로에게 하는 것이다.

② (막연한) 잘 될 거야 ▶ ~ 할 거라고 믿어

+ '~할 거라고 믿어'에는 아이의 성장과 변화를 향한 신뢰가 담겨 있다.

③ (~하니까) 예쁘다 ▶ (~하니까) 보기 좋다

+ '예쁘다'는 평가를 포함하지만, '보기 좋다'는 아이의 행위로 인한 부모의
긍정적인 감정을 있는 그대로 전달한다.

④ 잘하네! ▶ 열심히 하네!

+ '잘한다'는 성과의 평가를 포함한다. 하지만 열심히 하더라도 늘 잘할 순
없다. 아이의 노력과 과정 자체를 격려하는 말이 필요하다.

아이를 올바르게
훈육하는 법은 따로 있다

데이빗 헬프갓은 똑똑하면서도 귀여운 아이다. 가족 중에서 피아노도 가장 잘 친다. 전문적으로 배운 적은 없고 음악을 좋아하는 아빠 피터에게서 배웠다. 재능도 있고 열정도 있다. 피아노 대회에서 1등을 하지 못해도 금세 훌훌 털고 일어난다.

데이빗에게 피아노 대회는 중요하지 않다. 그는 그저 피아노를 좋아할 뿐이고, 가족에게 특히 아빠에게 피아노곡을 들려주고 싶을 뿐이다. 그는 누나와 여동생과도 사이가 무척 좋을 뿐만 아니라 아빠도 정말 사랑한다.

하지만 어느 순간부터 데이빗은 아빠 앞에서 좀처럼 웃을 수가 없다. 아빠가 두려워졌기 때문이다. 말수가 적어지고 소심해졌다. 이전보다 피아노도 더 잘 칠 수 있고 피아노 대회에서 우승도 했지만, 웬일인지 아빠가 두렵다.

한편 피터는 유일한 아들인 데이빗을 누구보다 아끼고 사랑한다. 온 정성과 시간을 들여, 데이빗이 훌륭한 피아니스트가 될 수 있도록 돕고 있다. 물론 데이빗도 아빠의 사랑을 잘 알고 있다. 그런데 왜 데이빗은 아빠 앞에서 웃을 수 없고 아빠를 두려워하게 되었을까.

피터는 데이빗을 아끼고 사랑했다. 누구보다 아들을 잘 가르치고자 노력했다. 하지만 여느 부모처럼 아이가 자라는 과정에서 기대대로만 되지 않는 상황을 경험한다.

당연히 1등을 할 줄 알았던 데이빗이 1등을 차지하지 못하거나, 자신과 영원히 함께할 줄 알았던 데이빗이 더 큰 세상으로 떠나려 한다. 내 맘 같지가 않은 것이다.

그때 피터는 '훈육'이라는 명분으로 데이빗에게 상처를 주는 방법을 택하고 말았다. 그로선 아들을 너무 사랑해서, 아들이 좀 더 잘 자랐으면 좋겠는 마음에서 그렇게 했을 것이다.

하지만 그 결과 데이빗과의 관계에 금이 가기 시작했고, 데이빗은 나이를 먹어 중년이 되어서도 아버지를 두려워했다. 도대체 무엇이 문제였을까.

영화 〈샤인〉은 '20세기 최고의 음악영화'라는 찬사가 무색하게 장르 영화가 아닌 인간관계에 천착한 드라마다. 주인공 데이빗 헬프갓을 연기한 제프리 러시가 개봉 당시 주요 북미 영화제에서

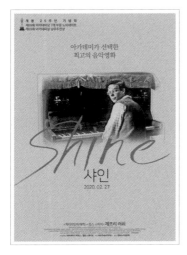

샤인 Shine, 1996

감독: 스콧 힉스
출연: 제프리 러쉬, 노아 테일러, 아민
      뮬러 스탈 외

남우주연상을 휩쓸다시피 하며 작품의 격을 높였는데, 들여다보면 데이빗의 아버지 피터야말로 실질적 주인공이다. 그의 빙퉁그러진 교육 방식과 가족애의 면면이 영화를 입체적으로 만들었다.

피터는 자신의 못다 이룬 꿈을 자식에게 투영시켜 대신 이루게 하려 하는 한편, 가장으로서 가족이 흩어지지 않게 단단히 붙잡고 있으려 하고, 부모로서 자식을 손안에 넣고 통제하려 하며, 자식이 누구보다 잘되었으면 하지만 그렇다고 너무 잘되는 꼴은 볼 수 없다. 복잡미묘하면서 모순이 집약된 모습이다.

흔한 부모의 다양한 모습을 합쳐놓은 것 같다.

한 번, 두 번, 세 번 좋게 알려줘도 아이의 행동이 그대로인 경우가 있다. 그럴 때 부모는 자신도 모르게 감정이 격해진다. 욱해서 혼을 낼 수도 있다.

하지만 욱해서 혼을 내는 순간, 더 이상 훈육이 아니다. 훈육이란 바람직한 습관이나 행동을 형성시키고 바람직하지 못한 행위를 교정해 사회에서 잘 살아갈 수 있도록 가르치는 것이다. 그러니 훈육은 아이의 입장에선 새로운 걸 배우는 것이다. 새로운 지식을 받아들이는 것과 같다.

아이가 한글을 처음 배울 때를 떠올려보자. ㄱㄴㄷ을 처음 배울 때 아이는 글자를 거꾸로 쓰기도 하고 비슷하지만 전혀 다른 글자를 쓰기도 한다. 그때 아이에게 화를 내는 부모는 없을 것이다. 그저 "ㄱ은 이렇게 쓰는 거야." 하고 다시 알려줄 뿐이다.

훈육도 그렇다. 뇌에 정보가 저장되어 완전히 자신의 것으로 만드는 데는 오랜 시간이 걸린다. 수없이 많은 반복이 필요하다.

뇌가 새로운 정보를 받아들이는 데는 '감정'이 중요하다. 감정과 정서가 기억과 학습에 큰 영향을 미치기 때문이다. 부정적인 정서가 강하면 지식이 잘 저장되기 어렵다. 두려움이나 공포, 불안이나 싫어하는 감정 등이 그것이다.

훈육은 감정적이고 강압적이어선 안 된다. 바람직한 행동을 가르칠 목적이라면 훈육하는 방식도 가르치는 것이어야 한다. 잘못된 행동을 정확하게 얘기해주고 어떻게 해야 하는지 설명해줘야한다.

혼내거나 체벌하면서 가르치면, 가르치는 게 아닐뿐더러 정보도 잘 저장되지 않아 기억에도 남지 않고 되려 아이와의 관계에도 부정적인 영향만 줄 수 있다.

+ 훈육은 왜 어려울까 +

훈육이 어려운 이유는 훈육과 징벌을 혼돈하기 때문이다. 훈육은 아이가 사회의 독립된 한 사람으로 적응해 살 수 있도록 돕는반면 징벌은 과거의 잘못된 행동에만 관심을 갖는다.

부모가 훈육이라고 생각하는 꾸중이나 잔소리, 체벌 등을 아이는 징벌로 받아들인다. 징벌은 사랑과 관심의 표현이 아니다. 부모의 좌절감이나 실망감, 화를 분출하는 것이기 때문이다.

아이가 훈육이 아닌 징벌로서 공격을 당했다고 받아들이면, 부모의 행동은 미움으로 각인된다. 올바른 훈육을 받은 아이는 살아가면서 필요한 바람직한 태도를 배우며 안정감을 느낄 수 있지만, 징벌을 받은 아이는 두려움과 죄의식을 갖고 성장할 수 있다.

마찬가지로 훈육 과정에서 힘으로 제압하려는 경우, 처음엔 행동이 금방 고쳐져 받아들이는 것으로 보일 수도 있다. 하지만 강압적이거나 힘으로 제압해 훈육하는 경우, 아이는 힘이 세면 제압당하지 않을 거라고 생각한다. 그래서 오히려 더욱 고집을 부리거나 폭력적으로 대항하기 쉽다.

훈육은 강제나 강압으로, 혹은 힘의 논리로 겁을 줘서 되는 게 아니라 아이에게 옳고 그른 일을 가르쳐주는 것일 뿐이다. 아이가 뭔가를 배우려면 상황을 안전하고 안정적이라고 느껴야 한다.

피터가 데이빗에게 했던 건 훈육이 아니다. 1등을 하지 못한 실망감이나 가족과 떨어져야 하는 불안감에서 비롯된 공격과 다름 없었다.

데이빗이 대회에서 상을 타지 못하면 데이빗을 비롯한 다른 아이들 역시 불안해했다. 대회에서 상을 타지 못했을 때나 영국 왕립학교로 입학하고자 집을 떠나야 했던 데이빗은 아빠의 공격으로 두려움과 불안감에 휩싸였고 결국 깊은 상처로 남았다.

+ 훈육은 일관적이어야 한다 +

훈육은 언제나 일관적이어야 한다. 어떤 행동의 옳고 그름을 가르치려 할 때 가장 중요한 건 일관성이다. 한 행동을 두고 이럴 때는 괜찮았다가 저럴 때는 괜찮지 않다고 하면 안 된다. 아이는 혼란을 느낄 것이며 무엇이 옳고 그른지 판단하기 어려울 것이다.

훈육이 일관적이기 위해선 무엇을 가르칠 것인지 부모가 정확하게 인지하고 있어야 한다. 전체적인 교육 목표를 염두하되, 한 가지 상황에선 한 가지 목표만 정해야 한다.

피터는 데이빗에게 누구보다 피아노를 잘 쳐야 한다고 하면서, 무조건 이겨야 한다고 가르친다. 어린 데이빗은 그래도 잘 받아들였다.

하지만 데이빗이 피아노 콩쿠르에서 우승해 미국의 유명 대학으로부터 입학을 제안받았을 때, 피터는 입학 제안 편지를 불태워버린다. 미국으로 유학 가면 좋은 대학교에서 좋은 교수에게 제대로 지도받을 게 명백했기 때문이다.

그동안 아빠의 강압적인 교육을 잘 따라온 데이빗은 그때 처음으로 아빠의 교육에 의문을 갖는다. 평소 아빠의 가르침대로라면, 피아노를 더욱 잘 칠 수 있을 기회이니 아빠 역시 찬성할 거라고 믿었다. 하지만 아빠는 유학을 강력하게 반대한다. 일관적이지 않았다. 데이빗은 혼란스러웠고 크게 상처를 받는다.

바람직하지 않은 행동을 교정할 때도 마찬가지다. 친구를 때리거나 공격하는 일이 있는 경우에도, '왜 이 행동이 바람직하지 않은지' '화가 날 때는 어떻게 행동해야 하는지'를 설명해줘야 한다.

그리고 일관적이어야 한다. 어떤 경우에도 친구를 때려선 안 된다고 말이다. 아이와 타협이나 협상을 해선 안 된다. 세 번까지만 참아준다는 식도 안 된다. 바람직하지 않은 행동이라면 훈육 후에도 절대 허용해선 안 되는 것이다.

또한 아이 행동의 옳고 그름이 타인에 의해 정해져선 안 된다. "이런 행동을 하면 친구들이 싫어해." "그렇게 하면 선생님께 혼나." 같은 말이 대표적이다. 하거나 하지 말아야 하는 행동은 누군가가 싫어 하거나 누군가에게 혼나기 때문이 아니다.

행동의 주체는 늘 아이 자신이어야 한다. 아이가 옳은 판단으로 바람직한 행동을 하길 바란다면, 옳고 그름의 경계를 아이가 스스로 판단할 수 있도록 옳은 훈육으로 가르쳐주는 게 좋다.

[훈육의 마무리는 이렇게!]

① 사과는 금물

+ 훈육은 잘못된 행동을 바로잡고자 하는 것이다. 그런데 훈육 후 사과를 하면 아이는 훈육을 부모의 잘못된 행동으로 인식할 수 있다.

② 훈육의 이유 설명하기

+ 훈육은 아이를 바르게 성장시키기 위한 방도다. 훈육 후에는 이유를 한 번 더 설명해준다.

③ 아이의 말 들어주기

+ 훈육 후 상황이 정리되면, 하고 싶은 말이 있는지 물어보고 들어준다. 아이의 입장에서 억울하거나 섭섭한 게 있을 수 있다. 얘기를 들어주면 아이는 존중받고 있다는 느낌을 받을 것이다.

④ 따뜻하게 안아주고 사랑 표현하기

+ 훈육은 아이를 위한 것이지만, 애정표현이 더해지지 않으면 상처로 남을 수 있다. 훈육 후에는 반드시 사랑을 충분히 표현한다.

부모의 좋은 기대와
나쁜 기대 사이에서

캐나다 토론토에 살고 있는 중국계 소녀 메이린 리(메이)는 이제 막 열세 살이 되었다. 그녀는 수업시간에 친구의 쪽지도 마다할 만큼 열심히 공부한다. 가장 좋아하는 과목은 수학이고 성적도 늘 좋은 편이다.

뭐든 열심히 하고 열정적인 메이를 괴짜같이 생각하는 친구들도 있지만, 그녀에겐 좋은 친구들이 있다. 하지만 학교가 끝나면 친구들과의 약속도 마다하고 집으로 부리나케 달려와 집안일을 돕는다. 가업인 사원을 운영하는 일이다.

메이의 선조인 선이와 그녀가 돌본 레서판다를 기리는 사원이다. 메이는 부모님을 도와 사원 일을 마치고 나면 가족과 저녁을 먹고 공부를 한 후 잠자리에 드는 바른 생활 아이다.

메이의 새빨간 비밀
Turning Red, 2022

감독: 도미 시
출연: 로잘리 치앙, 산드라 오 외

이웃들은 메이를 정말 착한 아이라며 칭찬하고, 엄마도 메이에게 요즘 아이들과는 다르다며 자랑스럽다고 칭찬한다.

하지만 메이는 마음속에 늘 부담감을 가지고 있다. 그녀도 그저 평범한 아이일 뿐이기 때문이다.

수학을 좋아하고 공부를 잘하긴 하지만 시간을 들여 열심히 공부하다 보니 그렇게 된 것이고, 음악이나 운동도 썩 잘하는 편은 아닌데 말이다. 엄마의 생각처럼 자신이 탁월한 능력을 지녔고 또 대단히 똑똑하지도 않다는 걸 메이는 알고 있다.

많은 부모의 착각 중 하나가 내 아이는 내가 가장 잘 안다고 생각하는 것이다.

아이가 태어나서부터 성장해 지금에 이르기까지 지켜봤으니 당연히 가장 잘 아는 것 같지만, 가장 알기 어려운 게 바로 내 아이의 마음이다.

메이는 엄마의 말이면 뭐든 잘 듣는 아이지만, 엄마의 기대가 부담으로 다가오고 엄마의 통제가 압박으로 다가온다. 그 부담과 압박이 극에 달한 어느 날 아침, 메이는 레서판다가 되고 만다. 털이 복슬복슬하고 거대한 레서판다 말이다.

왜, 무엇이 메이를 레서판다로 바꿔놓았을까?

영화 〈메이의 새빨간 거짓말〉은 전 세계에서 가장 영향력이 큰 애니메이션 스튜디오 '픽사'의 스물다섯 번째 장편 애니메이션이다. 2019년 제91회 아카데미 시상식에서 '단편 애니메이션상'을 수상한 〈바오〉의 도미 시 감독이 연출했다.

도미 시 감독은 〈바오〉에서 아이를 과보호하는 부모의 성향을 극단적인 연출로 보여줬는데, 〈메이의 새빨간 거짓말〉에서도 부모와 아이 관계의 이면을 극단적인 상황으로 들여다본다. 하루아침에 인간이 레서판다로 변해버렸으니 말이다.

부모가 아이한테 당연한 듯 가지는 기대와 성취, 유대감을 다루는 한편 아이가 받는 스트레스를 레서판다로 변한 주인공으로 표현해 공감을 얻었다.

부모는 아이의 학습에 가장 크게 영향을 미치는 존재로, 어떤 양육 태도를 보이는가로 아이의 발달에 아주 중요한 역할을 한다. 특히 한국의 경우, 학령기 아이의 삶의 만족도가 굉장히 낮은 편이며 학업 스트레스와 부담이 심각한 수준이다.

비단 한국뿐만 아니라 아시아가 전체적으로 교육열이 높은 데는 가족 중심 사회에서 부모의 기대를 충족하는 게 효도라는 인식이 강하기 때문일 테다. 영화에서 메이를 중국계 소녀로 정한 데도 그런 이유가 있을 것이다.

아이를 향한 부모의 기대는 당연하다. 부모가 아이에게 갖는 교육적 관심과 아이의 교육에 갖는 부모의 기대심리를 나타내는 용어가 있다. '성취압력(Parental Achievement Pressure)'이다.

성취압력이 부정적인 의미로만 쓰이는 건 아니다. 성취지향적인 성취압력은 아이의 높은 성취를 장려하는 데 도움이 되기도 한다. 부모의 높은 기대로 아이가 학습 목표를 높게 설정하고 목표를 달성하고자 노력할 것이기 때문이다. 메이가 수학을 비롯해 여타 과목에서 자신감을 갖고 높은 성적을 받을 수 있었던 것도 그런 이유였을 것이다.

그러나 성취압력이 대개 부정적으로 인식되는 데는 메이의 엄마가 그랬듯, 대부분 다른 양상으로 나타나기 때문이다. 가령 통제적이거나 과잉기대가 있는 경우다. 통제적인 성취압력은 아이를 향한 높은 기대와 함께 생활환경을 통제하고자 하는 양육 태도에서 비롯된다.

메이는 가장 친한 친구 셋과 함께 인기 아이돌 그룹 포타운의 팬을 자처한다. 길거리 한복판에서 포타운의 노래를 부르며 춤을 출 만큼 좋아한다.

하지만 엄마에겐 말할 수 없다. 물론 친구들과 노래방에 가는 것도 말할 수 없다. 이성을 좋아하는 것도 아직은 안 된다고 한다. 엄마는 그런 모든 걸 저급하다고 하면서, 친구들도 마음에 들어하지 않는다. 그래서 메이는 엄마에게 모든 걸 비밀로 해야 한다.

이렇듯 생활을 통제하는 한편 기대를 한껏 표현하는 걸 '통제적 성취압력'이라고 한다. 연구에 따르면, 아이는 부모가 지나치게 통제적인 방식으로 표현한다고 느끼면 조절하려 하기보다 오히려 학업 동기를 잃을 수 있다.

영화를 보면 메이의 엄마는 메이를 향한 관심과 걱정이 너무 큰 나머지, 학교에 간 메이를 몰래 지켜보거나 친구들과 공부 모임을 한다는 메이를 찾아가기도 한다. 결국 메이는 성적이 떨어지고 시험지를 침대 밑에 숨기기까지 한다.

통제하지 않으면 아무런 문제가 없을까? 통제만큼 위험한 게 바로 '과잉기대'다. 아이의 능력에 비해 부모의 기대가 과도하게 높은 경우다.

아이의 현재 상태와 수준은 고려하지 않은 채 최고의 결과만 요구한다. 아이가 실현하기 힘들 만큼 비현실적인 기대는 심리적인 좌절을 안겨준다. 이런 경우 아이는 심리적 부적응이나 중독, 공격성 등의 문제 행동을 일으킬 수도 있다.

+ 자기결정성을 길러주는 게 답 +

통제적이거나 과잉기대를 하는 등의 성취압력을 중요하게 고려해야 하는 이유는 단지 아이가 공부에 흥미를 잃거나 성적이 떨어지기 때문이 아니다. 부모의 성취압력은 아이의 '자기결정성'을 위협하고 발달하지 못하게 한다.

자기결정성이란 인간이 스스로 적극적으로 성장하고자 사고와 행동을 조절하는 정도를 말한다. '동기'와 유사한데, 외부의 보상 없이도 스스로 사고하고 행동하는 내재적 동기라고 할 수 있다.

자기결정성 이론에 따르면, 인간은 누구나 자율성과 유능성, 관계성의 기본 욕구를 가지고 있고, 욕구를 충족하고자 노력한다. 자기결정성이 높을수록 공부를 잘한다.

그런데 성취압력은 자녀로 하여금 원하는 게 무엇인지 또 무엇을 느끼고 있는지와 상관없이, 부모의 기대와 통제로 생각하고 행동하게 함으로써 자기결정성을 약화시킨다.

영화에서 메이는 자신의 기분이나 선호, 취향을 엄마에게 말하지 못한다. 엄마를 실망시킬 거라고 생각하기 때문이다.

아이를 통제하지 않고도 아이 스스로 잘하게 하면, 그보다 더 좋은 일이 있을까. 부모에게도 아이에게도 행복한 일이다. 그러려면 자기결정성을 길러주는 게 답이다. 아이를 독립된 개인으로 인정하고 아이의 선택과 욕구와 감정을 존중하는 것이다.

아이를 향한 진짜 관심은 아이가 무엇을 생각하고 있는지, 무엇을 원하는지, 현재 상태가 어떤지 관찰하고 이해하는 것이다. 이솝우화의 유명한 이야기인 매서운 북서풍과 뜨거운 태양의 대결을 보면 그렇지 않은가.

[좋은 기대의 3요소]

좋은 기대를 위해선 아이를 향한 애정과 격려가 바탕이 되어 자율성을 존중하며 아이에게 안정감을 줄 수 있는 틀을 만들어주는 게 필요하다.

① 사랑하고 격려하기
+ 애정 어린 관심과 존중으로 정서적인 지원을 하는 것

② 자율성 지지하기
+ 아이의 문제 해결, 선택 그리고 의사결정에 가치를 부여하고 지지하는 것

③ 안정감의 틀 제공하기
+ 아이가 스스로 문제를 해결할 수 있는 틀을 제공하는 것(명확하고 일관된 규칙, 성취 가능한 현실적 목표, 합리적 기대, 기대에 부응하는 자원, 적절한 피드백 등).

아이의 시험을 대하는
부모의 자세에 대하여

인간이라면 필연적으로 수없이 많은 시험을 치른다. 부모 역시 수많은 시험을 치러왔을 테다. 학창 시절에 시험 때문에 부모와 마찰을 겪지 않은 이가 드물 것이다.

그래서 내 아이에겐 절대 그렇게 하지 말아야지, 부담을 주지 말아야지 하지만 말처럼 쉽지 않다. 아이가 좋은 성적을 받아도, 받지 못해도 은근히 부담을 주게 되니 말이다.

대체 시험은 왜 보는 걸까. 평가는 학습이 되었는지 확인하는 단계다. 잘 배웠는지 확인하는 것이다. 확인하며 배우는 사람과 가르치는 사람 모두 무엇이 학습되었고 무엇이 학습되지 않았는지 알게 된다. 제대로 학습되지 않거나 모르는 부분이 있으면 다시 돌아가 그 부분을 알도록 하려는 게 평가의 목적이다.

나는 학생들과 학습 상담을 하면서 "공부는 모르는 걸 아는 것"이라고 말하곤 한다. 그러니 시험에서 틀리는 건 나쁜 것도 부끄러운 것도 아니다. 전체 교육 과정을 온전히 자신의 것으로 만들고자 확실히 알지 못하는 걸 알게 되는 과정일 뿐이다. 교육과 평가는 아이들을 줄 세우려는 목적을 갖고 있지 않다.

하지만 오늘날의 교육 제도에선 시험 점수로 아이들을 줄 세운다. 그래서 소수를 제외한 대부분의 아이가 실패와 좌절을 경험한다. 이 때문에 공부의 본래 목적은 사라지고 교육의 목적이 입시에만 있는 것처럼 되고 마는 것이다.

시험 성적은 아이의 학업 성취를 판단하는 절대 기준이 될 수 없다. 그러니 적어도 부모는 시험 결과가 아닌 시험을 잘 보기 위해 노력한 아이의 공부 과정에 관심을 둬야 한다.

과정이 아닌 결과에 관심을 두면 아이는 시험을 두렵고 부정적인 것으로만 생각할 것이다. 시험을 앞두고 불안이 높아지는 아이들이 많은 이유다.

시험을 앞둔 아이가 불안과 불편함을 호소하는 건 지극히 일반적이다. 불안과 불편함이 심한 경우 소화불량이나 식욕 저하, 불면증, 우울감, 예민함, 공격성 등의 신체적·심리적인 증상으로 나타나기도 한다. 아이의 시험을 대비해 부모는 무엇을 해야 할까.

아이가 시험을 앞두고 너무 불안해하거나 불편감을 호소하면, 먼저 부모 자신의 불안과 욕망을 들여다봐야 한다.

아이의 시험 결과가 어떤 의미인지, 아이의 시험을 어떤 태도로 대하고 있는지, 아이의 시험을 자신의 시험처럼 생각하진 않았는지 말이다. 아이의 시험을 초연하게 생각한다는 부모도 아이의 시험 결과를 받아보면 은연중에 실망한 표정을 짓기도 하니 결코 쉽지 않은 일이다.

영조와 사도세자의 임오화변을 그린 영화 〈사도〉는 그런 부모의 모습을 잘 보여주는 것 같아 안타깝다. 사도세자는 어릴 때부터 총명함이 돋보였다. 세자는 아버지 영조가 매우 많은 나이에 얻은 늦둥이 아들이었으니, 사랑과 기대가 남달랐을 것이다.

더욱이 세자라는 자리가 자리인 만큼 공부의 양과 책임이 컸던 게 당연했다. 하지만 그를 대하는 영조의 모습은 많은 걸 생각하게 한다.

〈사도〉는 작품성과 흥행력을 두루 잡은 작품들을 내놓으며 한국을 대표하는 연출자로 자리매김한 이준익 감독의 대표작이다. 그는 〈사도〉를 비롯해 〈황산벌〉 〈왕의 남자〉 〈평양성〉 〈동주〉 〈박열〉 〈자산어보〉 등 시대극을 많이 내놓았는데, 대부분 좋은 평가를 받았다.

사도 The Throne, 2015

감독: 이준익
출연: 송강호, 유아인 외

　고증에 심혈을 기울이는 편이지만 대중적으로 익히 알려진 해석을 뒤집는 경우도 많았다. 〈사도〉의 경우도 영조와 사도세자에 대한 통념을 뒤집어 둘 다 각자의 사연에 따라 입체적으로 그려내고자 했다.

　영조의 "잘하자, 자식이 잘해야 아비가 산다!"라는 대사와 사도세자의 "언제부터 나를 세자로 생각하고 또 자식으로 생각했소! 내가 바란 건 아버지의 따뜻한 눈길 한 번, 다정한 말 한 마디였소."라는 대사가 상징성을 띤다.

　영조는 총명하고 사랑스러운 아들을 위해 직접 책까지 만들었다. 조선 시대 세자들은 공부가 당연한 일과로서, 매일 수업을 듣고 공부하는 걸 '서연'이라고 했다. 한 달에 두 번 정도 '회강례'라고 하는 시험을 보게 했는데, 그간 배운 걸 얼마나 잘 익혔는지 확인하는 자리였다. 〈사도〉에서도 여러 번 나온다.

영조가 손수 만들어준 책을 세자가 얼마나 공부했는지 확인하는 자리를 가졌다. 세자는 책 한 권을 술술 외웠지만 한 문장을 빼먹고 말았다.

책 한 권을 술술 외운 것이니 스승들은 그에게 '통(通)', 즉 합격을 줬지만 영조는 오히려 스승들을 나무라며 세자에게 '불통(不通)'을 줬다. 한 문장을 빼먹었다는 이유였다.

시험이 아이에 대한 감정적 학대가 되지 않았으면 한다. 아이도 시험을 앞두고 스트레스를 받는다. 공부를 잘하지 못하는 아이라도, 공부에 관심이 없는 아이라도 시험을 잘 보고 싶은 마음을 가지고 있다.

총명하고 밝았던 세자의 모습은 점차 사라져 갔다. 세자는 공부를 아예 포기해버렸고, 밝고 자신감 있던 성격은 주눅 들고 우울하게 바뀌어 갔다.

회강례뿐만 아니라 세자에겐 매일의 공부와 행동, 심지어 대리청정 업무들까지 모든 게 시험이었다. 매일 잘해도 잘하지 못해도 눈치를 보게 되는 상황들이 세자가 시험을 두려워하고 싫어하는 것뿐만 아니라 공부 자체를 포기하게 만든 것이다.

시험에 어떻게 대비하고 공부할 것인가는 부모가 정해주는 게 아니다. 아이가 스스로 하도록 해야 한다. 목표 설정과 준비를 아이가 직접 하도록 하는 게 가장 좋다. 처음엔 아이와 함께 정해보는 것도 괜찮다.

우선 목표 설정이다. 그러기 위해선 아이의 현재 상태를 정확히 알고 있어야 한다. 단순히 지난 시험의 점수를 말하는 게 아니다. 지난 시험에서 80점을 맞았으니 이번엔 90점을 맞아야 한다는 목표 설정은 합리적이지도 않고 현실적이지도 않다.

시험 내용은 매번 바뀐다. 그러니 아이의 현재 능력과 준비 상태, 준비할 능력을 파악하는 게 중요하다. 목표는 현실적으로 설정해야 한다. 현실적인 목표가 생기면 도전할 수 있다. 도전해봐도 좋을 것 같은 용기와 자신감이 생긴다.

'무조건 90점 이상 맞아야 해.' '무조건 3등 안에 들어야 해.' 같은 기준은 무엇에 의해 정해지는지 생각해보자. 이런 압박은 아이에게 시험은 나쁜 것이라는 인식을 심어준다. 시험은 부모를 위한 게 아니라 아이를 위한 것이다. 공부는 아이 스스로 하고 결과도 아이의 몫이다.

현실적인 목표를 정했으면 목표를 달성하고자 무엇을 어떻게 공부할지 아이가 스스로 계획할 수 있도록 한다. 아이가 너무 어리거나 방법을 아예 모르면, 몇 번은 함께 얘기하면서 계획해볼 수 있다. 중요한 건 부모의 생각이나 계획에 의해서가 아니라 아이가 스스로 생각할 수 있도록 해야 한다는 점이다.

시험 준비 역시 아이의 몫이다. 아이를 도와주고 싶다면, 아이에게 물어서 아이가 원하는 방식으로 도와줘야 한다. 부모가 옆에 있길 바란다면, 옆에서 책을 읽거나 개인 공부를 하며 같은 공간에 있어주자. 아이가 공부한 걸 말로 연습해보길 바란다면, 호응하며 적극적으로 들어주자.

+ 아이의 시험은 부모의 시험이 아니다 +

아이는 부모의 불안을 잘 알아차린다. 부모가 불안하고 대범하지 못하면 아이도 그렇다. 아이의 시험에 부모가 왜 불안한지 들여다보면, 아이의 능력에 대한 믿음이 적기 때문일 수 있다. 아이가 잘하지 못할 거라고 은연중에 생각하고 있는 건 아닌지 스스로를 돌아볼 필요가 있다.

〈사도〉에서 영조는 세자를 누구보다 아끼고 사랑한다. 그렇기에 세자가 잘했으면 좋겠으면서도 못할까 봐 불안하다. 불행히도 그 불안은 세자에게로 향한다.

영조는 세자에게 "잘하자, 네가 잘해야 아비가 산다."라고 말한다. 부모가 아이에게 투영한 욕망과 불안이 엿보인다. 아이가 잘 하면 당연히 좋겠지만, 아이의 시험은 부모의 시험이 아니다.

마지막으로, 아이가 시험을 잘 마쳤다면 칭찬하고 격려해줘야 한다. 시험 결과에 관한 게 아니라, 시험을 잘 마쳤고 열심히 노력 해온 걸 칭찬하는 것이다.

보상을 하려면 시험에 관한 게 아니라 과정에 관한 것이어야 한 다. 시험을 잘 봤다고 보상을 하는 건 오히려 역효과를 낼 수 있 다. 아이를 타이르거나 혼낼 일이 있더라도 시험 결과와는 무관 해야 한다. 시험 결과에 따라 바뀌는 게 많을수록 아이는 시험을 부정적인 것으로 인식하고 불안이 높아진다.

지나친 기대도 좋지 않지만 무관심도 좋지 않다. 한 번의 시험 이 끝난 후에도 다시 새로운 공부에 도전할 수 있도록 힘을 줘야 한다. 그 힘은 부모의 관심과 격려에서 나온다.

그 어떤 시험도 한 번으로 인생이 끝나버리거나 어긋나지 않는 다는 사실을 아이에게 꼭 알려주면 좋겠다.

[내 아이에게 맞는 공부법]

도전하는 치타형

쉽게 시작하고 멋진 계획도 세우지만, 시간이 지날수록 흐지부지되기 쉬운 작심삼일형. 부모 입장에선 의지력이 약하거나 집중력이 없을까 봐 걱정되기도 한다.

공부 분량을 정할 때 '수학 공부하기'가 아니라 '학습지 세 장 풀기'처럼 최대한 세밀하고 구체적으로 정하도록 한다. 해야 할 일들의 중요도와 순서를 미리 정하는 게 좋다. 체크 리스트를 이용해, 완료한 일들과 해야 할 일들을 시각화하고 하나씩 체크하는 것도 좋은 방법이다.

성실한 황소형

규칙적이고 계획적으로 진행되는 걸 좋아한다. 반복되는 것에도 크게 어려움을 느끼지 않는다. 그런가 하면 완벽주의 성향인 경우가 많아, 계획에 따라 완벽하게 되지 않으면 스트레스를 느끼고 아예 포기하기도 한다. 또한 구체적이고 부분적인 것도 세세하게 파악해야 하기에 공부 시간이 지나치게 길어지기도 한다.

공부 시간과 해야 할 일들을 미리 정해 루틴화해야 하고, 목차나 개요 등을 미리 훑어 교과나 단원 전체 내용을 파악하도록 해야 한다. 너무 정형화된 공부만 하지 않도록 관련된 책이나 영화, 체험 등을 접하게 하는 것도 좋은 방법이다.

자유로운 고양이형

좋아하는 것과 싫어하는 게 명확하고 그에 따라 과목별 점수도 차이가 난다. 암기하거나 계획하는 것에 취약하기 쉽고 덜렁거리는 것처럼 보이기도 한다. 반면 창의성이 돋보이고 흥미를 느끼는 것에 깊게 몰입하는 특징이 있다.

분명하고 명확한 목표가 필요하다. 명확한 목표는 공부 동기를 자극해 큰 집중력을 발휘할 수 있게 한다. 공부 습관과 책임감을 기를 수 있도록 매일 짧게라도 규칙적으로 공부하거나 책 읽는 시간을 가지는 게 좋다.

호기심 많은 참새형

상상력이 풍부하고 호기심이 많아, 스스로 탐색하고 이해하는 걸 좋아한다. 정형화되거나 수동적인 학습에 지루함을 느끼기 쉽고 흥미가 없거나 호기심을 자극하지 못하는 과목에는 관심이 없다. 공부에 재능은 있는 것 같은데 성적이 잘 나오지 않기도 한다.

호기심을 자극하는 질문을 만들고 답을 찾아가는 방법으로 공부하는 게 좋다. 다양한 학습 자료를 제공하는 것도 중요하다. 흥미 없는 과목들에 대해선 흥미를 불러일으킬 수 있는 요소를 발견하도록 해야 한다.

참고문헌

강은진. (2017). 부모교육 매뉴얼. 서울: 여성가족부 가족정책과.

김성일. (2013). 뇌로 통(通)하다. 서울: 21세기북스.

한순미. (1999). 비고츠키와 교육. 서울: 교육과학사.

Deci, E. L., & Ryan, R. M. (1985). Intrinsic motivation and self determination in human behavior. New York, NY: Plenum.

Deci, E. L., & Ryan, R. M. (2000). Motivation, personality, and development within embedded social contexts: an overview of self-determination theory. In R.M. Ryan (Ed.). The Oxford handbook of human motivation (pp. 85-107). New York: Oxford University Press.

Duckworth, A. L. (2016). Grit: The power of passion and perseverance. 앤절라 더크워스, 김미정 역. (2016). 그릿. 서울: 비즈니스북스.

Paul Eggen & Don Kauchak, 신종호 역. (2015). 교육심리학. 서울: 학지사.

강문비, 이우걸, 송주연. (2021). 학생이 지각한 부모 성취압력과 자녀의 학업 성취, 시험불안, 스트레스 및 자아존중감의 관계에 대한 메타분석. 교육심리연구, 35(2), 365-392.

김신아, 오인수. (2014). 부모와 교사의 지원 및 성취압력이 학업성취집단별 자기결정성 동기에 미치는 영향. 교육과학연구, 45(1), 29-52.

김은희. (2015). 유아교사들이 인식한 '위험한 칭찬'과 '바람직한 칭찬'. 학습자중심교과교육연구, 15(11), 937-956.

유승희. (2006). Z.P.D 영역에서 Scaffolding을 통한 아동의 지식구성에 관한 연구. 열린교육연구, 14(2), 57-76.

이명은, 서은란, 성현란. (2014). 성공상황에서 칭찬유형이 성취목표 지향성에 미치는 영향. 학습자중심교과교육연구, 14(2), 383-401.

오지은, 추상엽, 임성문. (2009). 부모의 학업적 성취압력과 청소년 자녀의 시험불안 간 관계 : 완벽주의와 성취목표의 매개효과 및 인지전략과 메타인지전략의 조절효과. 한국청소년연구, 20(4), 209-237.

이의빈, 김진원. (2022). 부모의 성취압력이 아동의 삶의 만족도에 미치는 영향: 학업 스트레스의 매개효과를 중심으로. 청소년문화포럼, 69, 129-158.

이하정, 탁정화. (2015). 유아의 자아존중감과 행복감이 회복탄력성에 미치는 영향. 한국보육지원학회지, 11(4), 39-61.

전수현, 여태철. (2018). 초등학교 고학년 아동이 지각한 사회적 지지와 학업적 실패내성의 관계에서 낙관성의 매개효과. 초등상담연구, 17(4), 513-535.

조해연, 김보영. (2017). 양육유형에 따른 어머니 상호작용에 관한 연구. 학습자

중심교과교육연구, 17(14), 275-298.

하대현. (2017). 학업성취에 대한 유동지능, 결정지능 및 성격 요인의 구조적 관계. 학습자중심교과교육연구, 17(7), 459-480.

한은숙, 김성일. (2004). 부모의 양육태도와 아동의 학구적 실패내성의 관계. 한국교육학연구, 10(2), 177-202.

허혜경. (1997). Vygotsky의 인지발달이론에 기초한 부모의 역할에 관한 연구. 교육과정연구, 15(2), 251-274.

홍국진, 이은주. (2017). 부모의 자율성 지지와 통제적 양육이 청소년의 학업성취와 또래애착에 미치는 영향. 교육심리연구, 31(2), 305-326.

참고문헌

지지해 주는 부모
스스로 공부하는 아이

초판 1쇄 발행 2023년 9월 5일

지은이 | 이유정, 김형욱
펴낸곳 | 믹스커피
펴낸이 | 오운영
경영총괄 | 박종명
편집 | 김형욱 최윤정 이광민 김슬기
디자인 | 윤지예 이영재
마케팅 | 문준영 이지은 박미애
디지털콘텐츠 | 안태정
등록번호 | 제2018-000146호(2018년 1월 23일)
주소 | 04091 서울시 마포구 토정로 222 한국출판콘텐츠센터 319호(신수동)
전화 | (02)719-7735   팩스 | (02)719-7736
이메일 | onobooks2018@naver.com   블로그 | blog.naver.com/onobooks2018

값 | 17,000원
ISBN 979-11-7043-441-2 13590